JN023129

図解大事典
猛毒生物
加藤英明

猛毒生物について

野外で最も気をつけなければならないのが、猛毒生物です。世界には、ゾウやワニを倒すほどの猛毒生物がいて、人間の命を奪うような毒を持つ生物も数多くいます。毒を持つことは、過酷な弱肉強食の世界で生き残るために有利で、敵を倒したり、餌となる生き物を仕留めたりすることに役立ちます。毒は、進化の過程で獲得した生物最大の宝なのです。クラゲやサソリ、カエル、ヘビなどの他に、植物にも猛毒を持つものがいるし、細菌やウイルスなどは私たちの体内に侵入を試みています。

野外に出たら、私たちは常に狙われているということを意識して、危険を回避するために、猛毒と呼ばれる生物たちにいち早く気づく必要があります。猛毒生物を知り、正しく、恐れながら関わりましょう。

猛毒生物データについて

○○類（○○科）

マーク

猛毒生物の名前

生息域

生息地図

陸上生物の生息範囲が、海や川、湖などにかかっている場合があります。海の生物はおおよその生息範囲です。

生息場所

全長・体長など

毒の種類や成分など

- 爬虫類
- 両生類
- 昆虫類
- クモ類
- ムカデ類
- 哺乳類
- 鳥類
- 担子菌類
- 子嚢菌類
- 双子葉植物
- 箱虫類
- ヒドロ虫類
- 花虫類
- 頭足類
- 甲殻類
- 腹足類
- ヒトデ類
- 軟骨魚類
- 条鰭類

猛毒生物 もくじ

加藤英明（かとうひであき）

アメリカ大陸（たいりく）

VS.猛毒生物

アメリカ大陸・アフリカ大陸・ユーラシア大陸・オーストラリア大陸で出会った猛毒生物たち。

メキシコドクトカゲ

メキシコ● 68ページ

メキシコの森に潜むメキシコドクトカゲ！下アゴに毒を持ち、咬まれると危険！舌を出して周囲の情報を集め、危険を感じると口を開けて威嚇する。頭の骨は硬く、敵の攻撃から身を守る。

メキシコドクトカゲは森の悪魔と呼ばれるが、性格は比較的穏やか。多くの時間を岩の隙間ですごし、薄暗い時間帯に地上に現れる。嗅覚が鋭く、イグアナの卵を掘り起こして食べる。

▼世界で最も知られた毒トカゲ。アゴの力は強く、大きな口で咬みつき毒を敵の体内に流し込む。毒は溶血毒で、体内で赤血球の破壊を引き起こす。

オオヒキガエル

メキシコ● 82 ページ

ワニを殺すほどの猛毒を持つ毒ガエル。夜行性で日没後に現れる。強くつかむと目の後ろの耳腺から毒液を噴射し、毒が目に入れば失明する。

イチゴヤドクガエル

コスタリカ● 76 ページ

小さな体に猛毒を持つ。派手な色は毒に注意の警告色。

マダラヤドクガエル

コスタリカ● 81 ページ

体が毒で覆われているため、触るだけで危険！

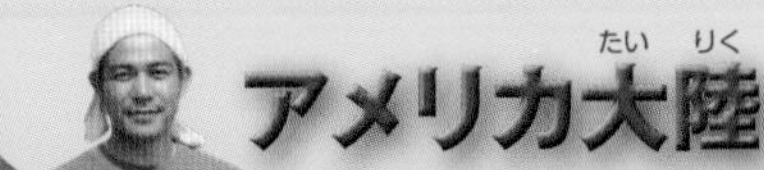

尾先を素早く震わせ、ガラガラと音を出して威嚇する。

クロオガラガラヘビ

メキシコ● 230 ページ

コロンビアフキヤガマ

コロンビア● 230 ページ

強力な毒を持ち、地面をゆっくり歩いて動く。

キスジフキヤガエル

コスタリカ● 231 ページ

昼間、薄暗くて湿度の高い森で活動する。

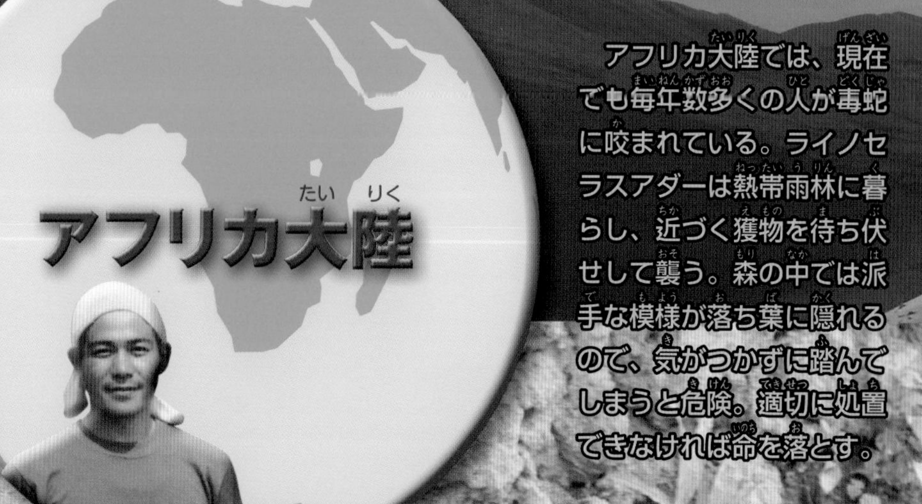

アフリカ大陸

アフリカ大陸では、現在でも毎年数多くの人が毒蛇に咬まれている。ライノセラスアダーは熱帯雨林に暮らし、近づく獲物を待ち伏せして襲う。森の中では派手な模様が落ち葉に隠れるので、気がつかずに踏んでしまうと危険。適切に処置できなければ命を落とす。

ライノセラスアダー

ウガンダ● 231 ページ

猛毒ヘビ、
ライノセラスアダーを
持ち上げる。

ライノセラスアダーは太くてずっしり重い。逃げ足は遅いが、攻撃は素早い。獲物に狙いを定めると、全身の筋肉を使い、跳ねるように体を動かし咬みつく。

ペリングウェイアダー
ナミビア● 231 ページ
ペリングウェイアダーを
捕まえた！
ペリングウェイアダーを撮影！

砂の中に隠れて獲物を狙う
ペリングウェイアダー

ブラックマンバ

南アフリカ● 32ページ

アフリカでは“最も出会いたくない毒ヘビ”といわれている。咬まれたら最後、近くに病院がなければ確実に死亡する。森の中で出会っても、追いかけてはいけない。

シンリンコブラ

ウガンダ● 232ページ

アフリカ最大の毒ヘビ！　樹上からの攻撃に要注意。毒量が多く、咬まれると危険。

ナミブファットテールスコーピオン

ナミビア● 232 ページ

ウォルバーグスコーピオン

南アフリカ● 232 ページ

パルリペススコーピオン

南アフリカ● 233 ページ

ブームスラング

ナミビア● 233 ページ

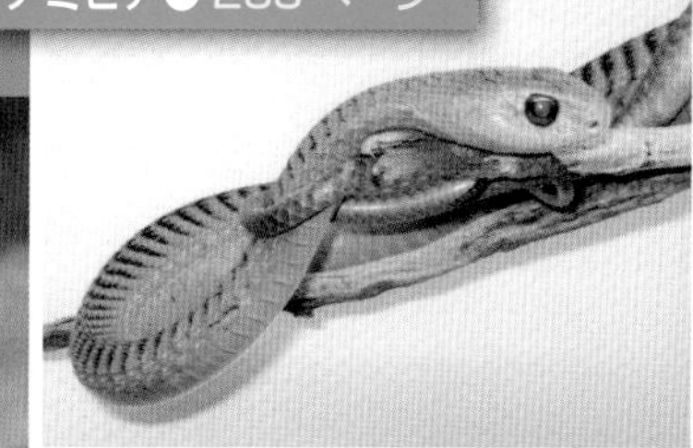

ホーンドアダー

ナミビア● 233 ページ

小型の毒ヘビだが猛毒を持つ。咬まれると強く痛み、腫れて壊死することもある。

ユーラシア大陸

ユーラシア大陸には、雪が降るような寒い地域にも毒ヘビが生息している。体を温めるために日光は欠かせないので、明るい森や小川周辺、草地に暮らしている。

ロシアマムシ

ロシア● 234 ページ

ロシアの草地で発見！　黒い体は急速に体温を上げて俊敏に動くことを可能とする。

※ユーラシア大陸とその周辺の島々も含みます。

ロシアマムシを捕獲！

発達した筋肉で体を
持ち上げて攻撃する。

ロシアマムシの毒牙

ひだの中に細く長い毒牙が隠れている。
咬まれると出血毒で腎臓などの循環器
系が破壊される。口の中の穴は喉頭口。
肺につながっていて呼吸に使う。

コモドオオトカゲ

インドネシア● 64 ページ

コモド島周辺に生息する巨大なオオトカゲ。1910年に発見され、世界中に知られるようになった。毒を持つことが明らかになったのは2009年になってから。これからも新しい発見が期待される。

空から見たコモド島

インドネシアの島々には大小さまざまな島がある。地域によって気候が異なり、そこに暮らす生き物たちもさまざまだ。コモドオオトカゲは、東部の乾燥した地域に暮らす。日光浴をして体が温まると、活動を始める。待ち伏せて獲物を狙い、村人たちが襲われることもある。

▲コモドオオトカゲに咬まれた傷痕。

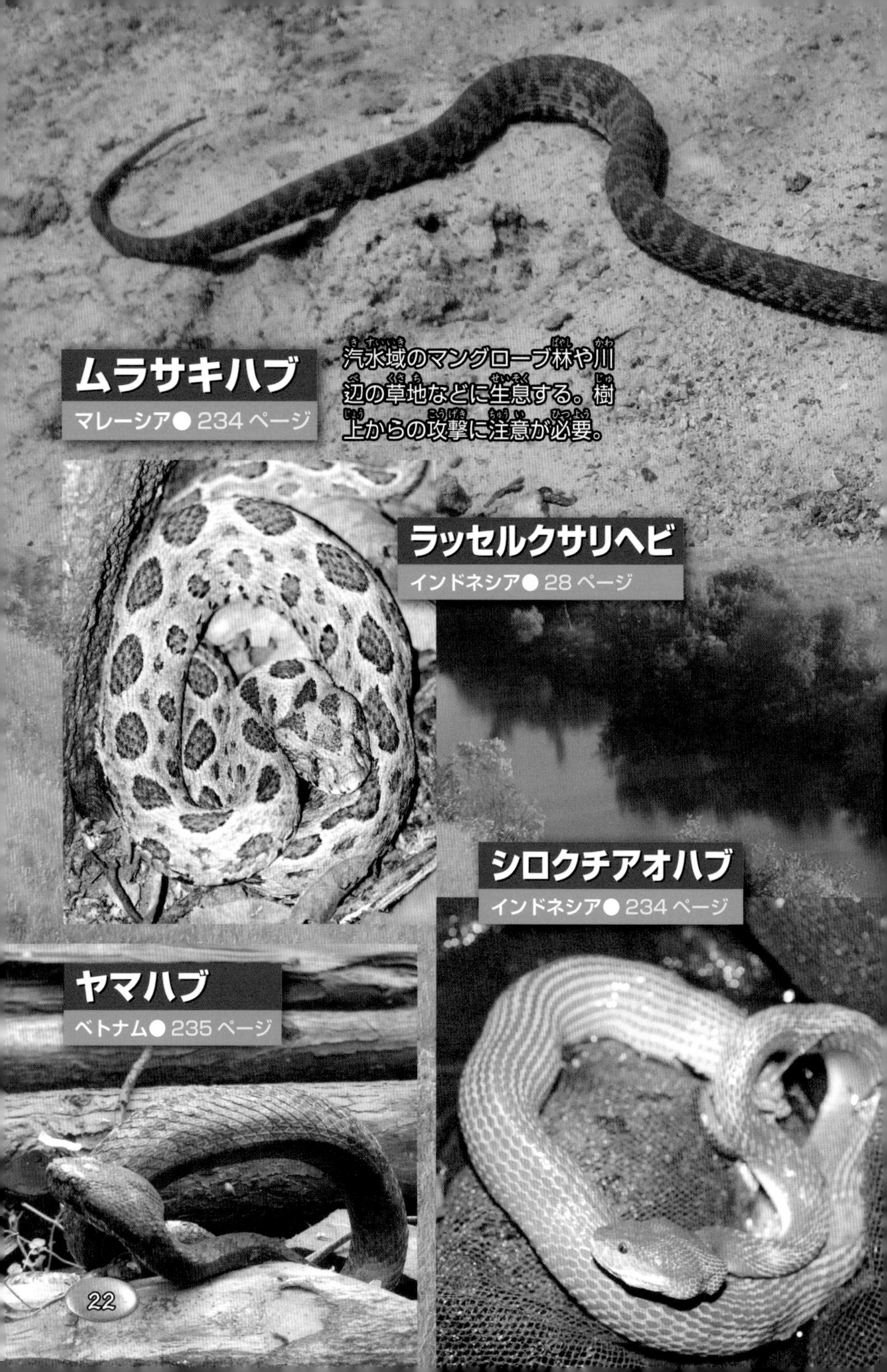
ムラサキハブ
マレーシア● 234 ページ
汽水域のマングローブ林や川辺の草地などに生息する。樹上からの攻撃に注意が必要。
ラッセルクサリヘビ
インドネシア● 28 ページ
シロクチアオハブ
インドネシア● 234 ページ
ヤマハブ
ベトナム● 235 ページ

ハリスマムシ

キルギス● 235 ページ

ヤマカガシ

日本● 46 ページ

セイロンハブ

スリランカ● 235 ページ

ニホンマムシ

日本● 48 ページ

夜行性で昼間はじっとしている。毒牙は 5mm ほど。咬まれたときの痛みは弱いが、その後、腫れて強い痛みが生じる。

ニホンマムシの毒牙

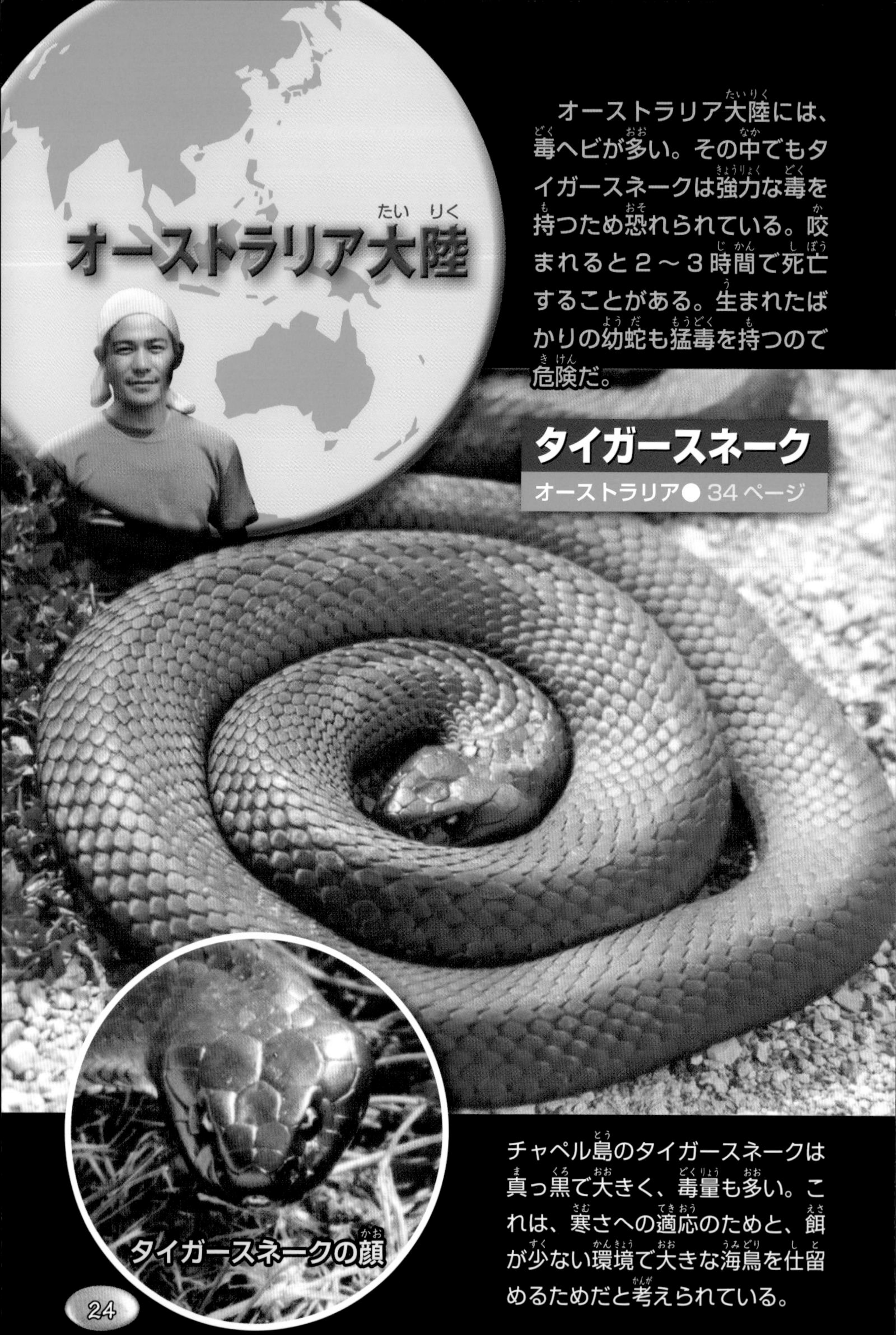

オーストラリア大陸

オーストラリア大陸には、毒ヘビが多い。その中でもタイガースネークは強力な毒を持つため恐れられている。咬まれると２～３時間で死亡することがある。生まれたばかりの幼蛇も猛毒を持つので危険だ。

タイガースネーク

オーストラリア● 34ページ

タイガースネークの顔

チャペル島のタイガースネークは真っ黒で大きく、毒量も多い。これは、寒さへの適応のためと、餌が少ない環境で大きな海鳥を仕留めるためだと考えられている。

陸(りく)に棲(す)む猛毒生物(もうどくせいぶつ)

世界(せかい)No.1(ナンバーワン)猛毒(もうどく)ヘビ・ナイリクタイパン、
モウドクフキヤガエル、オオスズメバチなど

71

世界No.1の猛毒ヘビ

ナイリクタイパン

世界には約3000種類のヘビがいるといわれ、その中の約30%が毒ヘビだ。ナイリクタイパンは陸の毒ヘビの中で最も毒性が強く、その毒は一度に成人男性を100人殺すともいわれている。オーストラリアの中央部に生息している哺乳類を狙うハンターで、何度も獲物に咬みつき毒を注入する。神経毒のほかに出血毒も持っているため恐れられている（70ページ）。ただ、生息地が人の住んでいない場所で比較的おとなしいため、被害は少ない。警戒心が強く追いつめたりしなければ攻撃してこないが、動きが速いので要注意だ。オーストラリアでは毎年、60人ぐらいが咬まれている。咬まれてそのまま放置すると30分で死ぬ猛毒だ。

体の色は黄褐色からオリーブグリーンで、季節によって色が変わり夏は明るい色、冬は暗い色に変化する。冬に黒くなるのは、体温を上げやすくするためだ。

●地域：オーストラリア

●生息場所：乾燥した草原や岩場の割れ目
●全長：180㎝～250㎝
●毒：神経毒・出血毒

分類
爬虫類
（コブラ科）

体鱗列数：23列

体鱗列数：27~33列

クサリヘビ科にはニホンマムシ（48ページ）やハブ（56ページ）などがいるが、クサリヘビ科の中でも最も強力な毒を持っているのがラッセルクサリヘビだ。神経毒と出血毒の混合毒なので（70ページ）、咬まれると強烈な痛みが全身を走り、助かっても咬まれた部分が壊死して手足などの切断に至ることもあるという。ネズミなどの小型哺乳類が大好物で、人家の近くにも現れるので咬まれる人が多いヘビだ。

特徴は頭部が三角形で、尾は短く全長の14%ほどしかない。インドでは四大毒蛇〈インドアマガサヘビ（36ページ）・カーペットバイパー（73ページ）・インドコブラ（73ページ）〉として恐れられている。ラッセルクサリヘビの名は、インドのヘビ類を研究したスコットランドの爬虫類学者であるパトリック・ラッセル（1726年～1805年）にちなんで命名された。

胴体に大きな斑紋・夜行性猛毒ヘビ

ラッセルクサリヘビ

●地域：インド、バングラデシュ、ミャンマー、インドネシアなど

●生息場所：草原地帯
●全長：120㎝～170㎝
●毒：神経毒・出血毒

体をSの字状態に持ち上げる恐怖の攻撃態勢

イースタンブラウンスネーク

イースタンブラウンスネークの毒の強さはニホンマムシ（48 ページ）の500 倍以上ともいわれ、ラッセルクサリヘビ (28 ページ) と同じように、神経毒と出血毒の混合毒なので（70 ページ)、咬まれたら全身麻痺を引き起こす。その毒は強烈でナイリクタイパン（26 ページ）に次ぐ、世界の毒ヘビ№2といわれている。

体の色は地味な黄褐色だが、動きが素早く攻撃的な性質で、人家の近くにも現れるので人的事故も多い。2013 年にはオーストラリアのホッケー選手が指を咬まれて死亡した例もある。オーストラリアの咬傷死亡の 60%を占める。

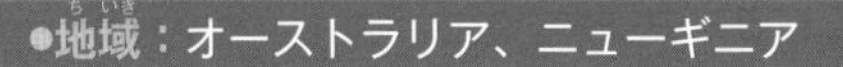

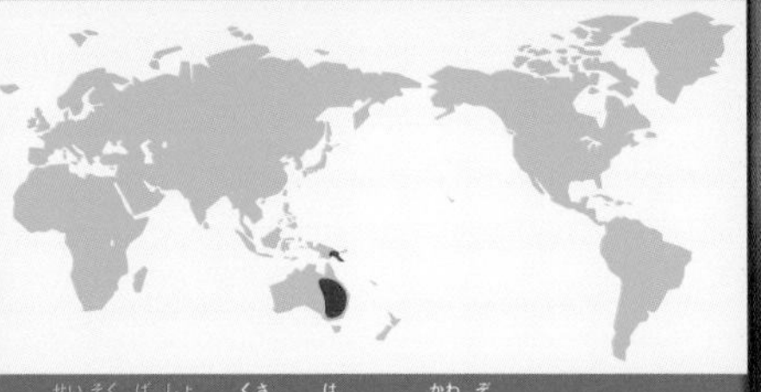

●生息場所：草の生えた川沿い
●全長：110㎝～ 200㎝（最大 240㎝）
●毒：神経毒・出血毒

分類
爬虫類
（コブラ科）

体鱗列数：17 列

分類
爬虫類
（コブラ科）

体鱗列数：23～25列

時速16kmの世界一速いヘビ

ブラックマンバ

毒ヘビの中では全長がキングコブラ（52ページ）に次ぐ2番目に長い巨体の持ち主。ブラックマンバの体色は黒っぽいのもいるが、多くは灰色か褐色で、威嚇するときに大きく開けた口の中が黒いのでこの名前がついた。移動スピードは時速16kmでヘビの中では世界一速く、小学生の50m走の速さと同じくらいだ。尾が全長の25%と長く、木登りも得意だ。

神経質で用心深いが、追いつめられると攻撃的になり、連続攻撃で大量の神経毒（70ページ）を噴出する。人間を攻撃するのは追いつめられた場合のみだといわれているので、見つけても近寄らないのが一番だ。人間が咬まれて未治療だと、45分以内に100%死亡する。

●地域：アフリカ（東部～南部）

●生息場所：サバンナ（熱帯草原地帯）の草原・森林・岩場

●全長：200cm～300cm（最大450cm）

●毒：神経毒

分類
爬虫類
（コブラ科）

体鱗列数：17～19列

●地域：オーストラリア南部、タスマニア島

●生息場所：森にある朽ちた倒木の中など
●全長：100㎝～180㎝（最大210㎝）
●毒：神経毒・出血毒

獲物を絞め殺す毒ヘビ

タイガースネーク

体色は茶色、グレーオリーブなど多様だが帯模様がトラのような模様にも見えるのでタイガースネークと呼ばれる。その毒は強い神経毒に出血毒が含まれていて（70ページ）、ひと咬みで致死量をはるかに超える非常に強い毒を出すのが特徴だ。また、これだけ強い毒を持っているのに、無毒のヘビが獲物を殺すときに使う技である自分の体を獲物に巻きつけて絞め殺すということもする。

昼行性でネズミなどを主なエサにするので、人家の近くにも現れる。人間が咬まれて未治療だと死亡率が60%にも達する。オーストラリアでは恐れられている危険なヘビだが、生息地では殺してはいけないヘビとして保護されている。

インドで最も恐れられている毒ヘビ

インドアマガサヘビ

アマガサヘビの仲間はインド・パキスタン・東南アジア・中国・台湾など12種類ぐらい生息しているが、その中でもインドアマガサヘビは特に毒性が強いヘビだ。

アマガサヘビは一般的には性質がおとなしいとされているが、インドアマガサヘビは夜行性で農耕地近くなど人間の居住地近くにいるので、インドでは咬まれる被害が多く出ている。

インドアマガサヘビは咬みつくとなかなか離さないという荒っぽい性質も持っている。咬まれると毒の回りがほかの毒ヘビより速く、痛みも少ないことから手遅れになることがあり、未治療時の致死率が80%以上ともいわれている。バングラデシュでは咬傷死亡の50%を占める。

●地域：インド、スリランカ、バングラデシュ

●生息場所：低山地の草原や農耕地近くの水辺
●全長：100㎝～170㎝
●毒：神経毒・出血毒

分類
爬虫類
(コブラ科)

体鱗列数：15～17列

クレオパトラの自殺の話で有名

エジプトコブラ

（アスプコブラ）

アフリカ大陸で最大級のコブラで、コブラ科フードコブラ属特有のポーズで敵を威嚇する。鎌首を持ち上げ「フード」と呼ばれる首の部分を広げて、「シューッ」という音（噴気音）を出すのだ。毒も強力な神経毒（70ページ）を大量に出す。夜行性で人間が咬まれたとき、未処置で死亡率は25%だ。

エジプトコブラは古代エジプト文明の王（ファラオ）の王冠にも組み込まれているエジプトの王権の印で、守護神として崇められてきた。また、古代エジプトの女王クレオパトラはローマと戦って敗れたとき、神聖なエジプトコブラに自らの体を咬ませて自殺したという話も伝えられている。

●地域：アフリカ・アラビア半島

●生息場所：乾燥した草原・農地
●全長：150㎝～200㎝（最大340㎝）
●毒：神経毒

分類
爬虫類
（コブラ科）
体鱗列数：19～20列

正確に狙いを定めて毒を噴霧

リンカルス
（ドクハキコブラ）

草原に好んで生息し、主にヒキガエルを食べるが小さな哺乳類や爬虫類も食べる。鱗にキール（隆起）があり、擬死（死んだふり）をすることもある。

毒吐きコブラとして有名で毒は 2.5m も噴霧するという。人間に立ち向かうときは、フードを広げたコブラ科独特のポーズで正確に目を狙って毒を飛ばすので超危険だ。目に毒が入ると激しい痛みを引き起こす。

リンカルスの毒は主に神経毒だが、出血毒も含むので、咬まれた部分が壊死することもある。

●地域：南アフリカ

●生息場所：草原地帯
●全長：90㎝～ 110㎝
●毒：神経毒

分類
爬虫類
（コブラ科）

体鱗列数：17～20列

体鱗列数：オス：21～29列 メス：15～23列

マムシの一種でヨコバイガラガラヘビ（62ページ）など、30種以上いるガラガラヘビ属の中でも最も強い毒を持っている。体色は茶色だが淡い緑色のような色になることもある。夜行性で人間に向かってはあまり攻撃的ではないが、危険を感じると人間にも向かってくる。尾を激しく振って音を出して威嚇するのもガラガラヘビの特徴だ。モハベガラガラヘビの毒は強力な神経毒・出血毒（70ページ）で、咬まれると視力に異常が出たり、重症の場合は呼吸困難に陥る。

アメリカ南西部のカリフォルニア州・ネバタ州・ユタ州・アリゾナ州にまたがって広がる「モハベ砂漠」に生息するので、モハベの名がついた。

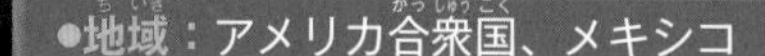

●生息場所：砂漠や乾燥した地域
●全長：100㎝～137㎝
●毒：神経毒・出血毒

ガラガラヘビ界No.1の猛毒

モハベガラガラヘビ

分類
爬虫類
（コブラ科）

体鱗列数：21～23列

タイパンといえば世界No.1の猛毒ヘビ・ナイリクタイパン（26ページ）が有名だが、タイパンも毒が強烈で、ナイリクタイパン、イースタンブラウンスネーク（30ページ）に次いで世界No.3の猛毒で、馬は5分で死ぬといわれている。

このようにタイパンは猛毒の持ち主だが、昼行性で内気な性質。出会った瞬間は逃げようとするが、逃げ切れないと感じると攻撃的になる。大きな毒牙と大量の毒を持ち、迅速な処置や血清が間に合わない未処置の状態だと、咬まれたときの死亡率は100%だ。

●地域：オーストラリア北部、ニューギニア南部

●生息場所：森林（乾燥・湿潤）
●全長：200㎝～250㎝（最大360㎝）
●毒：神経毒

大きな毒牙と世界No.3の猛毒

タイパン

体鱗列数：19列

ヤマカガシはおとなしい性質で、攻撃されない限り自分から人間に咬みつくことはないが、マムシよりも強い毒を持っているので、油断は禁物だ。ヤマカガシはカエルが大好物なので、水辺でよく見かける。カエルの中でもほかのヘビが手を出さない有毒のヒキガエルも食べてしまう。

ヤマカガシに咬まれて毒が血液に入ると、全身の血液の止血作用が失われ、肺や消化器官など全身に内出血を引き起こし、重症化すると脳出血や腎不全を起こすのでとても危険だ。2017年には兵庫県で小学生がヤマカガシに咬まれて、意識不明の重体になったこともある。

マムシの数倍の毒を持つ危険なヤツ

ヤマカガシ

●地域：日本（本州・四国・九州）

●生息場所：森林・水田・川の近く・湿った場所

●全長：70㎝～142㎝

●毒：出血毒

分類
爬虫類
(クサリヘビ科)

体鱗列数:21 列

●地域:日本(沖縄県以外)

●生息場所:森林・田畑・雑木林
●全長:40㎝〜65㎝(最大 100㎝)
●毒:出血毒

日本で年間犠牲者が多い毒ヘビ

ニホンマムシ

夜行性で日本の里山の森林や水田、小さな川の近くなど、身近にいる毒ヘビなので気をつけよう。茂みに潜んで獲物を狙っているので、知らずに踏んだりすると大変だ。ビックリして咬みついてくる。

ハブ（56ページ）の2～3倍強い毒だといわれているが、体が小さいので咬まれても1回の毒の量が少なく、死に至ることは少ない。咬まれると、激しい痛みがあり、紫色に腫れてくる。手当てが遅れると吐き気や発熱のほか視力低下などを起こし、重症化すると腎不全に陥り死亡することもある。日本では身近にいるヘビだけに、年間2千人以上の咬傷が出ている。

分類
爬虫類
（コブラ科）
体鱗列数：15 列

派手な色で猛毒を持っていることを敵に知らせる

ブラジルサンゴヘビ

ヘビの中では体は小さめだが、体色が赤・黒・黄色の模様が特徴で、この派手な体色が海のサンゴの色みたいなので、この名で呼ばれている。この色は警告色で、自然の中でよく目立ち、毒を持っていることを敵に知らせている。敵が近づくと頭を隠して尾を上げる行動をする。

ブラジルサンゴヘビの毒は、サンゴヘビの中では最強クラスの猛毒だ。当然、人間が咬まれると死に至るほどの神経毒（70ページ）だが、小型で口が小さく性質がおとなしいので、人間が攻撃されて咬まれる被害が少ないのが幸いだ。

また、ブラジルサンゴヘビの生息域に、無毒あるいは弱毒のヘビで猛毒のブラジルサンゴヘビそっくりに擬態して身を守るニセサンゴヘビもいる。

●**地域**：南アメリカ（ブラジル、パラグアイ、アルゼンチン北東部）

●**生息場所**：熱帯雨林
●**全長**：50㎝～ 70㎝
●**毒**：神経毒

分類
爬虫類
（コブラ科）

体鱗列数：15 列

世界最長の毒ヘビ・毒ヘビの王者

キングコブラ

外敵を威嚇するときは鎌首をもたげるが、世界最長の毒ヘビなのでその高さは人間の胸ぐらいの高さになる。ほかのコブラは鎌首をもたげた姿勢では移動しないが、キングコブラは鎌首をもたげたまま前進して攻撃もできるので威嚇姿勢に入ったキングコブラはとても危険だ。

毒はほかのコブラより弱いといわれているが、体が大きいだけに咬んだときの毒の量が半端なく多い。ゾウを1頭殺すともいわれているが、クジャクにはコブラの毒が効かない。2016年にはインドネシアで女性歌手がキングコブラを使ったショーの最中に咬まれて亡くなったという事故も起きている。

●地域：インド（東部）、東南アジア

●生息場所：山地の森林
●全長：300㎝～500㎝
●毒：神経毒

分類
爬虫類
（クサリヘビ科）

体鱗列数：28 ～ 46 列

ヘビの仲間ではとても速く攻撃をする能力を持つ。でも性格は攻撃的ではないので、脅かしたりして挑発しない限り襲われることはあまりない。しかし、体色が落ち葉にそっくりなので、誤って踏んでしまって咬まれる事故が多い。体が大きく毒牙も長くて強い出血毒（70 ページ）を持っているので、咬まれると激しい痛みとともに、急激に患部が腫れてくる。ひどいときは、けいれん、意識消失、呼吸困難を起こす。また、咬まれたところが壊死することもある。毒牙は 5cm でヘビ類最大。

歩行運動では、くねらないでまっすぐ進むのが特徴。野ネズミや鳥類などが主なエサだが、体が大きいだけにウサギやサルほどの大きさのものまでも獲物にする貪欲なヘビで、一度咬みつくと獲物が死ぬまでは離さない。

●地域：アフリカ（中部）

●生息場所：熱帯雨林
●全長：120㎝～ 180㎝（最大 205㎝）
●毒：出血毒

落ち葉の中では見分けがつかない体色

ガボンアダー

（カブーンバイパー）

大型で大量の毒、危険度日本No.1

ハブ

（ホンハブ）

大型の毒ヘビで毒牙が1.5cmもあり、毒液も大量に出す。毒の強さはニホンマムシ（48ページ）より強くはないが、咬むと毒を大量に出すので、おう吐、血圧低下、意識障害などを引き起こす。

沖縄県ではここ20年間ほど死亡例はないが、年間50名ぐらいが被害にあっていて、重症例では1か月ぐらい入院するということもある。また、ハブに1度咬まれたことがある人がまた咬まれると、重い症状が出るアナフィラキシーショック（92ページ）を起こすこともある。

日本でハブの仲間は、「ハブ」「ヒメハブ」「サキシマハブ」「トカラハブ」「タイワンハブ」の5種が確認されている。

●地域：日本（沖縄県・奄美群島）

●生息場所：森林・田畑・水辺・農地など
●全長：100㎝～242㎝
●毒：出血毒

分類
爬虫類
（クサリヘビ科）

体鱗列数：31～39列

分類
爬虫類
（クサリヘビ科）

体鱗列数：17〜23列

咬まれたら百歩を歩く前に死ぬという猛毒

ヒャッポダ

ニホンマムシ（48ページ）と同じクサリヘビ科の仲間だが、「ヒャッポダ」という変わった名前がついたのは、このヘビに咬まれると百歩を歩く前に死ぬといわれているため、台湾では「百歩蛇」と呼ばれている。

頭は三角形で大きく、鼻が上を向き、体に連続した三角形の模様があり、尾が短いのが特徴だ。性質は攻撃的で動きも素早い。目撃されることが少なくなったので、幻のヘビともいわれている。「百歩蛇」は「五十歩蛇」とも呼ばれ、中国では「五歩蛇」とも呼ばれる猛毒ヘビで、咬まれた瞬間から激しい出血を起こす出血毒で（70ページ）、強力な痛みや腫れ、壊死が起こるので、迅速な治療が必要だ。

●地域：中国（南東部）～ベトナム、台湾

●生息場所：山地の森林・水辺
●全長：80㎝～100㎝（最大155㎝）
●毒：出血毒

分類
爬虫類
(コブラ科)
体鱗列数：21 列
●地域：オーストラリア
●生息場所：森林・草原・荒れ地など
●全長：70㎝～ 100㎝
●毒：神経毒

大きな牙に三角頭の殺人毒ヘビ

コモンデスアダー

デスアダーの仲間は、オーストラリアに分布する毒ヘビで、太くて短い体形が特徴だ。その中でもシドニー周辺に生息しているのは特に毒が強いコモンデスアダーだ。

コモンデスアダーは三角の頭で体が太く、尾が細い。クサリヘビに似ているが、オーストラリアにクサリヘビは生息していない。同じ場所でじっと獲物が来るのを待ち続ける待ち伏せ型で、獲物に1秒の何分の1という速さで毒を注入して元の姿勢にもどり、獲物が死ぬのを待ってから食べる。

牙は大きく毒の量も多いので、血清ができるまでは、咬まれたことによる人間の死亡率が非常に高かった。咬まれて未処置だと6時間で呼吸が停止する。

分類
爬虫類
（クサリヘビ科）

体鱗列数：21 列

●地域：アメリカ合衆国（西部）

●生息場所：砂漠
●全長：50㎝～ 80㎝
●毒：出血毒

独特な高速の動きで砂漠の中を移動

ヨコバイガラガラヘビ

（サイドワインダー）

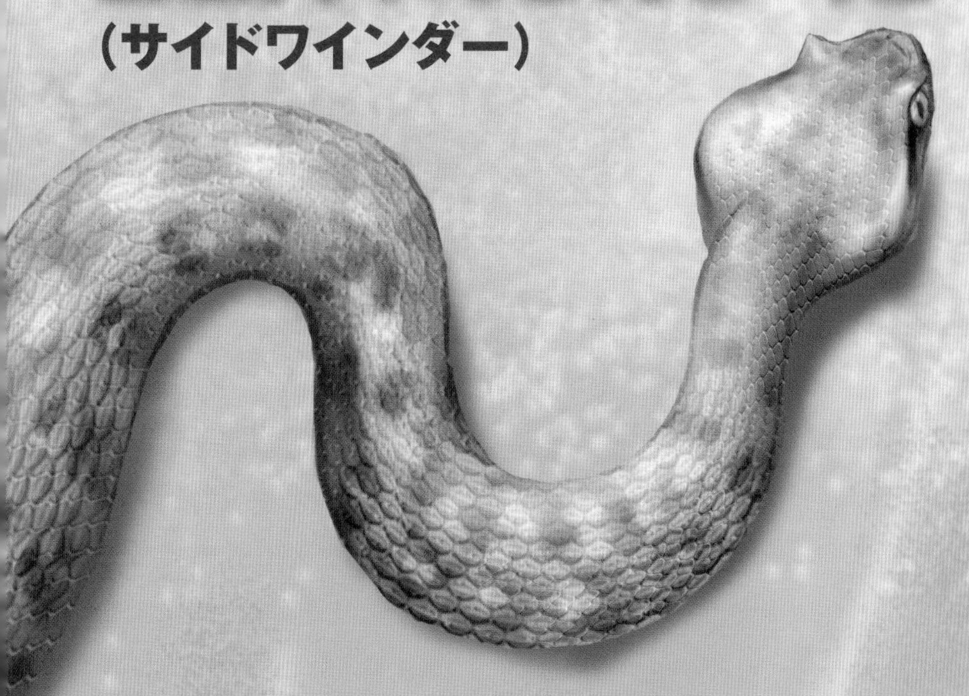

夜行性だが涼しい時期は日中にも活動する。マムシの仲間で鼻の脇にピットと呼ばれる熱を感じる器官があるので、暗闇でも正確に獲物の体温を感じて捕らえることができる。

咬まれたときの痛みは弱いが、しばらくすると咬まれた部分の腫れと痛みがひどくなり、吐き気やめまいなどの症状が現れる。

このヘビの特徴は素早い移動とその体の動きだ。砂漠の砂の上を横ばいで高速で移動するので、横方向に進むという意味で別名サイドワインダーと呼ばれている。

▼横ばいで移動する
ヨコバイガラガラヘビ

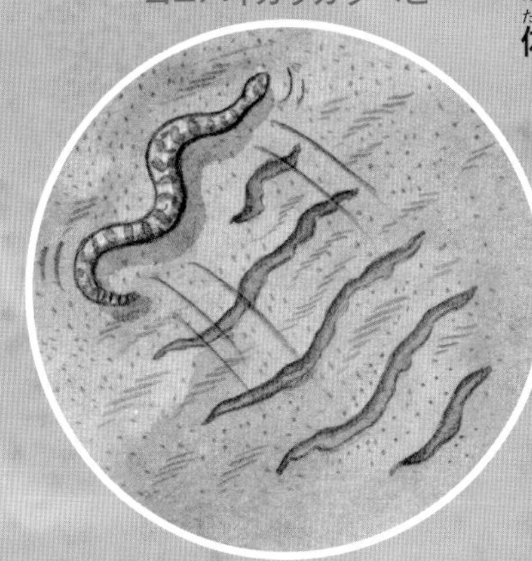

世界最大の猛毒トカゲ

コモドオオトカゲ

分類
爬虫類
（オオトカゲ科）

コモドオオトカゲは人間を見ると隠れるので、人間を攻撃することはまれ。しかし、コモド島では2009年に地元の人が殺されていて、2000年以降に死亡やケガなどの報告が十数件ある。

最近の研究によると猛毒ヘビのナイリクタイパン（26ページ）と同じような強力な毒を持っていることがわかってきた。コモドオオトカゲの毒が体内に入ると、出血が止まらなくなったり、筋肉が麻痺したりして、ショックで意識がなくなってしまうのだ。コモドオオトカゲは、獲物が毒によって弱ってくるのをじっくり待ってから捕食する。

●地域：インドネシア（コモド島・リンチャ島など）

●生息場所：暑くて乾燥した草原など
●全長：200㎝～300㎝
●毒：神経毒

●地域：アメリカ合衆国（南西部）、
メキシコ合衆国（北西部）

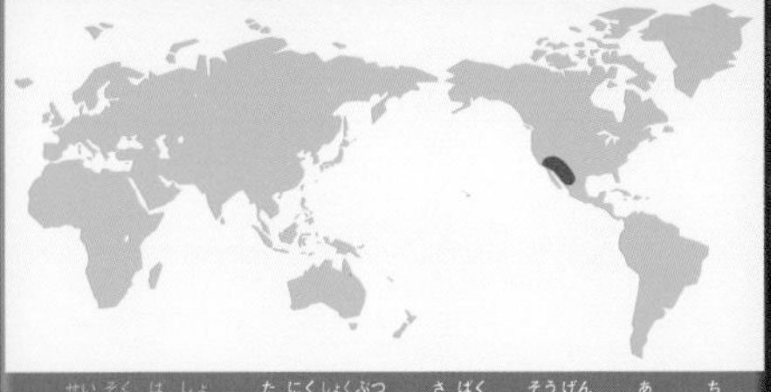

●生息場所：多肉植物の砂漠・草原・荒れ地
●全長：40㎝～ 50㎝（最大 60㎝）
●毒：神経毒

下アゴから出す毒でアナフィラキシーショックも

アメリカドクトカゲ
(ヒラモンスター)

体色はオレンジ色や黄色、黒の斑模様。動きが遅いので、見つけても人間はあまり脅威を感じない。天敵はオオカミに似ているコヨーテで、アメリカドクトカゲは、ほとんどの時間を巣穴や岩場ですごす。爬虫類や鳥類の卵が好物で、するどい嗅覚で卵を見つけて食べる。

動きが遅いので近づかなければ安心だが、もし間違って咬まれると、その痛みは激しく、下アゴから出る神経毒で血圧の急激な低下を起こす。また、アナフィラキシーショック(92ページ)を起こすこともあるので要注意だ。

別名ヒラモンスターと呼ばれるが、アメリカ合衆国南西部のコロラド川支流のヒラ川に数多く生息していたため。

分類
爬虫類
（ドクトカゲ科）

●地域：メキシコ、グアテマラ

●生息場所：乾燥した森林地帯
●全長：50㎝～ 70㎝（最大 100㎝）
●毒：出血毒

咬む力が強く、一度咬んだら離さない

メキシコドクトカゲ

体色は暗く、黄色みや赤みを帯びた褐色で、体全体にビーズを貼りつけたように見えるので現地ではビーズのトカゲといわれている。アメリカドクトカゲ（66ページ）より一回りぐらい大きい。

毒は下アゴにある唾液腺から出る出血毒などで、人間が咬まれるとその痛みは激しく1日ぐらい続くといわれ、血圧低下や呼吸困難などを引き起こす。

メキシコドクトカゲは、数が少なくなり絶滅の危機に直面していて、メキシコやグアテマラでは希少動物として法律で保護されている。

毒について1

毒には、ヘビ毒・ハチ毒・フグ毒から、細菌のボツリヌス菌まで数多くの種類がある。また、毒の強さにもいろいろあり、毒を受ける側もその毒に強かったり、弱かったりさまざまだ。

神経毒

毒が体内に入ると神経系を構成する細胞に作用し、四肢（人間の両手両足）などの機能の感覚が鈍ったり、失われたりする「麻痺」が急激に起こる。ヘビの毒やフグの毒が有名。

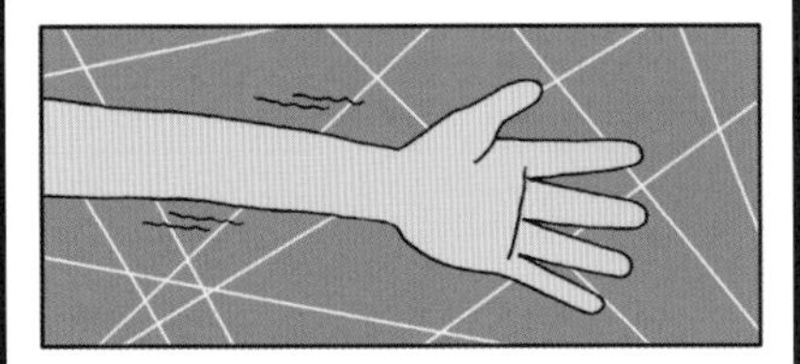

出血毒

毒が体内に入ると血管系の細胞が破壊され、血液が固まる機能に作用して、血が止まらなくなる。ハブやマムシなど、クサリヘビ科の毒ヘビが有名。

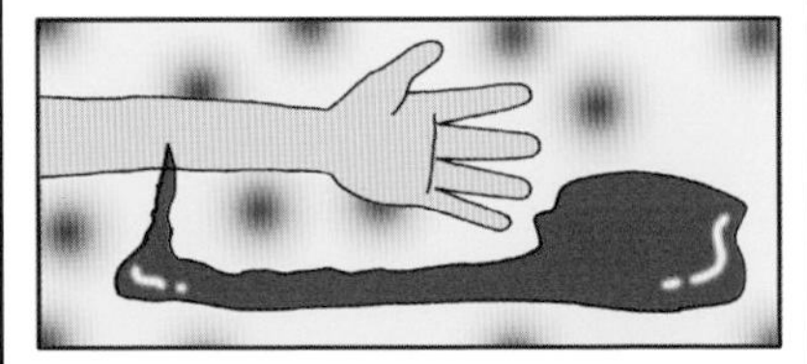

溶血毒

毒が赤血球などの細胞を破壊し、酸素が体に行き渡らなくなり、不整脈の症状から心不全を起こすこともある。体内に入った破傷風菌などの細菌によって毒素が作られる。

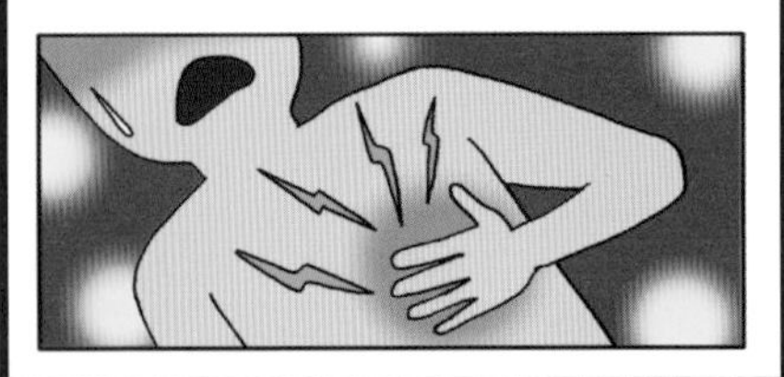

壊死毒

毒が細胞の機能を障害するなどの影響を与え、細胞が壊死する。体内に入った緑膿菌などの細菌が毒素を作る。

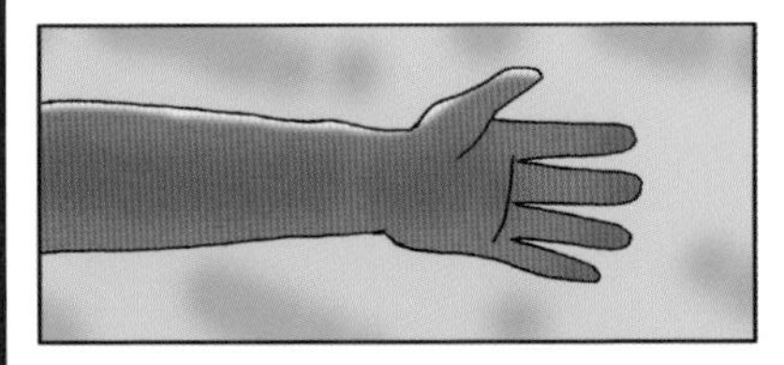

猛毒のカエルやクモなどから、いろいろな種類の毒が発見されているぞ。名前の最後に着く「トキシン」とは毒素のことだ。

- **バトラコトキシン**…神経毒。南米の猛毒ガエル、モウドクフキヤガエルなどから取り出された猛毒。
- **ホモバトラコトキシン**…神経毒。バトラコトキシンの類縁体（ある物質と似ているが同一のものではない）で、毒を持つ鳥ピートフィ（ニューギニア固有の鳥でズグロモリモズなど6種類）の仲間から取り出された。
- **プミリオトキシン**…神経毒。南米の猛毒ガエル、ヤドクガエルから取り出された猛毒。
- **ブフォトキシン**…神経毒。ヒキガエル属をブフォ（Bufo）というので、ヒキガエルの毒のことだ。写真は刺激されたことによって、ブフォトキシン（白い液体）を耳腺から出すオオヒキガエル。
- **サマンダリン**…主にファイアサラマンダーの皮膚から出る猛毒で、神経系に作用して血圧の上昇や筋肉の麻痺を引き起こす。
- **テトロドトキシン**…イモリやフグが持っている猛毒。エサなどから体内に蓄積された毒で、保有生物自身は中毒死をしない。この毒はヒョウモンダコ、スベスベマンジュウガニ、ウモレオウギガニなども持っている。
- **ロブストキシン**…シドニージョウゴグモが持っている強酸性の猛毒。この毒は人間やサルなどには効くが、昆虫やトカゲなどには効かない。

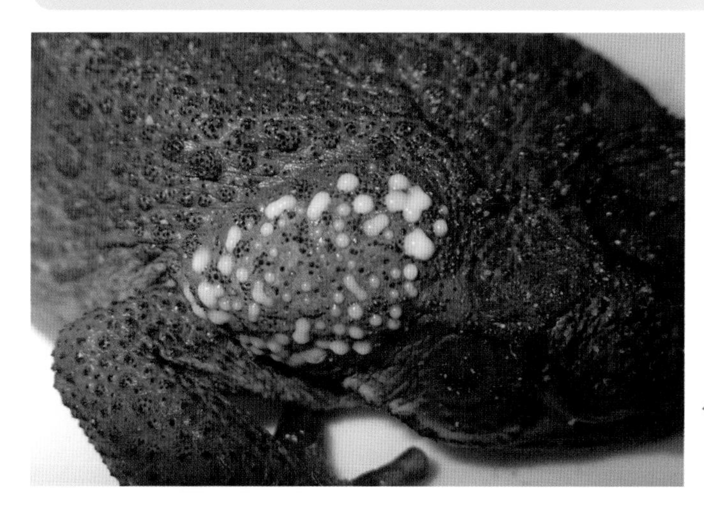

◀オオヒキガエルの耳腺から出るブフォトキシン

ヘビの体鱗列数

鱗の数でヘビの種類を見分けてみよう。胴回りの鱗の数（体鱗列数）を数えると、どのような種類のヘビか推測することが可能だ。「体鱗列数」が同じ種類では、鱗の形や突起などの違いを見てみよう。また、脱皮からの鱗の数からも推測が可能だ。

【例】ニホンマムシ（48ページ）

背中線上の鱗
＋
両側の鱗

背中線上の鱗１列
＋
右10列
＋
左10列
＝
合計21列

※ 腹の鱗は含めない。

主な日本のヘビの体鱗列数の違い

- アオダイショウ（23列）
- ニホンマムシ（21列）
- ヤマカガシ（19列）
- ハブ（35列）
- サキシマハブ（25列）
- タイワンハブ（25列）

インド四大毒蛇

インドには危険なヘビが多く生息している。中でも特に、「アマガサヘビ」「インドコブラ」「カーペットバイパー」「ラッセルクサリヘビ」は、インドでは「インド四大毒蛇」といわれて、住民に恐れられている。この4種のヘビは、エサとなるネズミを求めて人間の居住地近くに出没するが、夜行性なので夜に歩いている人が間違って踏みつけて咬まれるなどの事故が多い。

猛毒で超危険な4種のヘビだが、どのヘビに咬まれても治療が可能な「インド四大毒蛇」のための血清が開発されている。でも、もし咬まれたら迅速に医療機関に行くことが大切だ。

治療が遅れると、手足などの咬まれた場所が壊死して切断することに。また、麻痺することで、後遺症に苦しむことになる。

毒ヘビに咬まれないためには、夜歩くときに懐中電灯で足元をしっかり照らすことが大切だ。また、薄暗くなったら茂みや藪に入ることはやめよう。家の周りでネズミが増えると毒ヘビが集まるので、生ごみなどを捨てずに清潔にしておこう。

住民が恐れる超危険なヘビ

分類
両生類
（ヤドクガエル科）

1匹で人間10人を殺すのに十分な毒

モウドクフキヤガエル

（キイロフキヤガエル）

鮮やかな黄色（生息地によってオレンジ色の体色も）の体色に黒くて大きな瞳が特徴の昼行性のカエル。かわいいカエルだけど、うっかり触ったら危険だ。皮膚にバトラコトキシン（71ページ）という猛毒があるので、触るだけでひどい炎症を起こす。もし、モウドクフキヤガエルの毒が人間の体内に入ると、心臓発作を起こして死に至ることもある。ただ、この毒は自己防衛のためで、獲物を殺すためではない。

コロンビアの先住民はカエルの毒を染み出させて、狩りに使用する吹き矢の毒に使っていた。

●地域：コロンビア

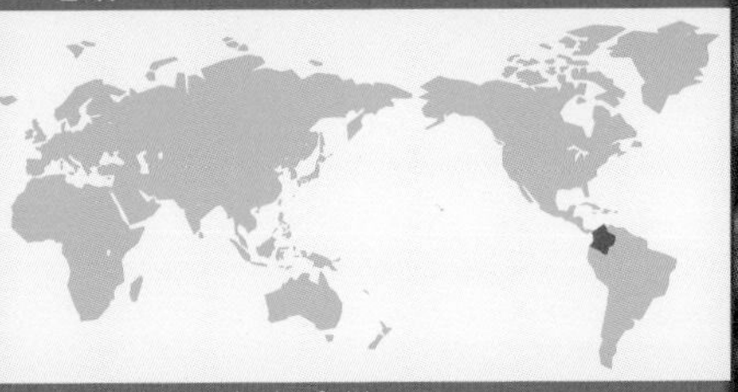

●生息場所：熱帯雨林
●体長：5㎝～6㎝
●毒：神経毒

きれいでかわいいカエルだが油断は禁物

イチゴヤドクガエル

体の色が「イチゴ」と同じように、鮮やかな赤色に黒の斑点があるので「イチゴ」の名前がつけられた。しかし、生息地域によって黄色や緑色をしたものもいる。脚の色は鮮やかな濃紺で美しいカエルだが、油断は禁物。皮膚の猛毒で身を守っている。

その毒はプミリオトキシンで（71ページ）、触ると部分麻痺を引き起こし、体内に入ると心不全を起こすこともある。

イチゴヤドクガエルはアリやダニなど特定のものをエサにすることによって、皮膚を有毒にすると考えられている。メスは背中に幼生のオタマジャクシを乗せて、水場に運んでエサ（無精卵）を与えるという独特な育て方をする（エッグフィーダー）。

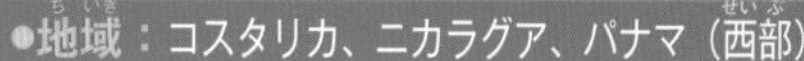

●生息場所：熱帯雨林
●体長：1.8㎝～2.4㎝
●毒：神経毒

分類
両生類
（ヤドクガエル科）

ヤドクガエルの仲間で最大の大きさ

アイゾメヤドクガエル（ソメワケヤドクガエル）

ヤドクガエルの仲間では体が一番大きいカエルだ。でも、日本の田んぼや池でよく見かけるヌマガエルとほぼ同じぐらいの大きさだ。体の色は生息地によっていろいろ異なるが、黄色と黒で脚は藍色で黒い斑点があるのが一般的。

皮膚にプミリオトキシン（71ページ）という毒があり、触れると体に麻痺などを引き起こす。

●生息場所：熱帯雨林
●体長：3.4㎝～6㎝
●毒：神経毒

猛毒ガエルトリオの1匹

ココエフキヤガエル（ココイヤドクガエル）

ココエフキヤガエルは、黒っぽい体色に黄色または緑っぽいたてじまの線が入っているのが特徴。モウドクフキヤガエル（74ページ）、アシグロフキヤガエル（脚が黒い）と並んで、フキヤガエルの仲間で、最も猛毒を持つ3匹といわれている。

毒はわずかな量でも危険なバトラコトキシン（71ページ）だ。

●地域：コロンビア

●生息場所：熱帯雨林
●体長：2.3㎝～3.4㎝
●毒：神経毒

美しい体の斑紋が特徴の猛毒ガエル

分類
両生類
（ヤドクガエル科）

ベニモンヤドクガエル

黒に赤や黄色、オレンジ色の斑紋が特徴だが、体色は生息地によって異なる。

ベニモンヤドクガエルの毒は、イチゴヤドクガエルなどが持っているプミリオトキシン（71ページ）よりも強力だが、モウドクフキヤガエルなどが持っているバトラコトキシン（71ページ）よりはその毒性が弱い。しかし、先住民はこのカエルの毒を吹き矢につけて使い、1年間もの間毒性が有効だったという。

●生息場所：熱帯雨林
●体長：2.5㎝～4㎝
●毒：神経毒

分類
両生類
（ヤドクガエル科）

体の色が棲んでいる地域で変わる

マダラヤドクガエル

体に斑模様が入っているが、黒の体色に緑や青の斑模様、赤褐色の体色に緑や青の斑模様など、地域によって体の色や斑模様が異なる。

毒はイチゴヤドクガエル（76ページ）などほかのヤドクガエル科と同じ猛毒を持っている。

●地域：コロンビア、コスタリカ、ニカラグアなど

●生息場所：熱帯雨林
●体長：2.5㎝～4㎝
●毒：神経毒

分類
両生類
（ヒキガエル科）

毒が目に入ると失明の危険

オオヒキガエル

オオヒキガエルの毒は耳腺と呼ばれる部分から出すブフォトキシン（71 ページ）という白い液体で猛毒だ。人間の目に入ると失明することもあり、イヌやネコがくわえただけでも危なく、腹痛を起こしたり、死亡したりする。卵や幼生（オタマジャクシ）も毒を持っている。卵は2日で孵化し、オタマジャクシは30日で上陸する。寿命は15年以上。

オオヒキガエルはもともと中南米に生息しているカエルだが、日本ではサトウキビ畑の害虫駆除のため南大東島や父島、石垣島などに導入され、船の輸送などに伴って西表島にも現れるようになった。大食で島固有の貴重な生き物も食べてしまうので、2005年に特定外来生物に指定され、防除の対象になっている。

●地域：北アメリカ南部～南アメリカ、日本（小笠原諸島・石垣島）

●生息場所：人里近くの池など、日本ではサトウキビ畑

●体長：9㎝～ 15㎝（最大 22㎝）

●毒：神経毒

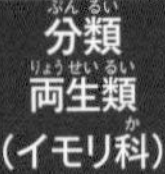

ファイアサラマンダーはイモリの仲間で、夕方から夜に活動する夜行性で、倒木などの下に隠れてすごす。体色は黒、または濃紺に黄色の模様がある美しい色合いをしているが、これも「毒を持っているぞ」と相手に知らせる警告色（124ページ）だ。

ファイアサラマンダーの毒腺は頭と背中の皮膚の表面にあり、毒腺は有尾類（イモリやサンショウウオの仲間）では最も大きい。この皮膚からサマンダリン（71ページ）という猛毒を出す。高速で毒液を発射するのでとても危険だ。サマンダリンは強い神経毒で、筋肉の麻痺や血圧の上昇を引き起こす。

●地域：ヨーロッパ（ドイツ、フランス、スペインなど）

●生息場所：森林
●体長：15㎝～25㎝
●毒：神経毒

背中(せなか)から猛毒(もうどく)を噴射(ふんしゃ)する

ファイアサラマンダー

分類
両生類
（イモリ科）

脊椎動物を殺すのに十分な毒を肌に持つ

カリフォルニアイモリ

飛び出ている大きな目が特徴で、背中はイボ状の暗い灰色の皮膚、その下が明るい黄色みがかったオレンジ色の肌をしている。皮膚から強力な神経毒テトロドトキシン（71 ページ）を出す。この毒は敵を攻撃するためのものではなくて、自分の身を守るための毒だ。人間がこの皮膚に触れただけで手が腫れるくらい強い毒なので、もしこの毒が体内に入ったとすると死はまぬがれないだろう。カリフォルニアイモリの毒は卵や幼生にもある。

このように身を守る毒なので、カリフォルニアイモリが敵と遭遇したときは、体をのけぞらせて皮膚に毒を持っていることを相手に知らせる警告をする。

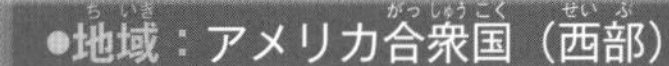

●生息場所：森林・低木林・池や小川の近く
●体長：13㎝～ 20㎝
●毒：神経毒

アフリカナイズドミツバチは、セイヨウミツバチとアフリカミツバチを人間が交配して誕生した改変外来生物で、逃げ出して繁殖した。

いわゆる「アフリカ化したミツバチ」でブラジルで誕生し、逃げ出して各地に広がっていった。別名キラービー（殺人バチ）といわれ、防衛能力が強く、攻撃性が非常に高い。集団で襲ってきて、相手を撃退するまで執拗に攻撃してくる執念深さが特徴だ。巣を変えながら場所を移動し、群れを作って生息地を広げていく生命力の強さも持っている。

アフリカナイズドミツバチに何度も刺されると、皮膚の炎症、吐き気、めまいなどを感じ、ひどいときは呼吸困難、腎不全を引き起こし、死亡することもある。

●地域：ブラジル、アメリカ合衆国、オーストラリア

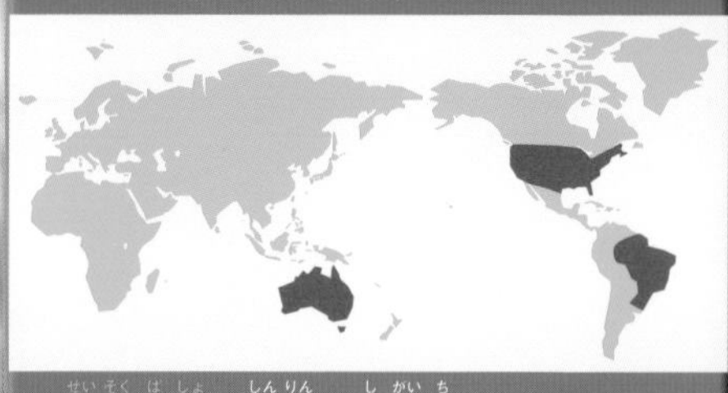

●生息場所：森林・市街地など
●体長：10㎜～20㎜
●毒：神経毒

群れを作って襲う狂暴"殺人バチ"

アフリカナイズドミツバチ（キラービー）

世界最大・最強の猛毒バチ

オオスズメバチ

分類
昆虫類
（スズメバチ科）

大きな頭に発達したアゴ、咬む力が非常に強く、攻撃的で羽音を出して威嚇する。最も速いときで時速40kmで飛び、1日で100kmも飛ぶことができるといわれている。

腹部の先に6mmの針があり、刺されると非常に強い激痛が走る。オスは毒針を持たないのでメスだけが刺し、集団で攻撃する。特に注意しなければならないのがアナフィラキシーショック（92ページ）だ。頭痛や発熱、呼吸困難などの症状が出たら、生命にかかわることもあるので、医療機関での迅速な治療が必要だ。また、1度刺されて症状がなくても、2度目に刺されたときにアナフィラキシーショックを起こすことがあるので要注意だ。日本では巣の規模が大きくなる7月～10月が危険で、毎年10人～20人ぐらいの死者が出ている。

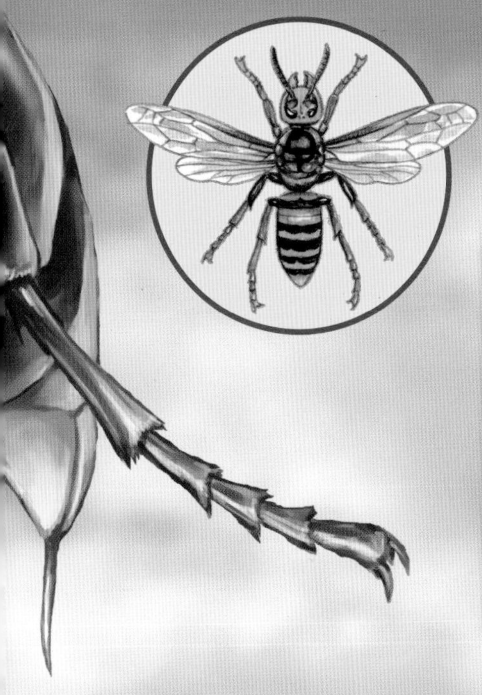

●地域：日本、東アジアなど

●生息場所：山林～平地（木の中や土の中）
●体長：メス40㎜～45㎜／オス27㎜～45㎜／働きバチ27㎜～40㎜
●毒：神経毒

アナフィラキシーショック

アナフィラキシーとは、体にアレルギーを起こす物質が入り、それによって起こる全身のアレルギー反応のことだ。このアレルギー反応によってショック状態になったことをアナフィラキシーショックという。

スズメバチやアシナガバチなどは毒が強いので特に気をつけよう。ハチの毒が体に入ると、吐き気やおう吐、動悸などの症状が起こる。重い症状のときは呼吸困難から血圧低下、意識障害などのショック症状に陥り、治療が遅れると死に至ることもある。初めてハチに刺されたときより２度目に刺されたときにアナフィラキシーショックを起こすことが多いので注意が必要だ。

アナフィラキシーショックを起こすのは、ハチだけではなくヘビなどの毒を持っている動物全般にいえることなので、刺されたり、咬まれたりして、アナフィラキシーショック症状が見られたときは、迅速に医療機関を受診しよう。

１度目より２度目のほうが危険

日本に侵入した危険な外来生物

分類
昆虫類
（スズメバチ科）

ツマアカスズメバチ

黄色い脚が特徴のツマアカスズメバチは、東南アジアに生息していて、日本にはいなかったが、2013年に長崎県対馬で侵入が確認された。都市部でも生息可能なので、生息範囲の広がりが心配だ。巣は大きいもので直径１ｍを超える。体色は黒色で腹部の先端が赤褐色。繁殖力が強く、性格も攻撃的。刺されるとほかのスズメバチ同様の発熱や頭痛などの症状を起こし、アナフィラキシーショック（92ページ）の危険性もある。

●地域：日本（九州）、東アジア～南アジア

●生息場所：土の中の空間・茂みや低木など
●体長：オス 24㎜ / 女王バチ 30㎜ / 働きバチ 20㎜
●毒：神経毒

黒い体に黄色の斑紋が特徴。体はオオスズメバチ（90 ページ）よりも少し小さいが、最近、市街地で増えている危険なハチだ。とにかく巣が大きい。屋根裏などに 50cm 以上、大きなものでは 1 mを超える巣を作る。攻撃性が非常に強く、そばを通っただけでも刺されることがある。刺されて危険なのは、アナフィラキシーショック（92 ページ）だ。呼吸困難から死亡することもある。飲み残しのジュースの缶に入ることもあるので、知らずに飲むと大変なことになる。

2016 年9月、岐阜県で開催されたマラソン大会でランナーがキイロスズメバチの巣のそばを走り、115 人が襲われて刺されたことがある。

●生息場所：山林～平地（木の中や土の中）
●体長：メス 25㎜～ 28㎜ /
働きバチ 18㎜～ 24㎜
●毒：神経毒

超攻撃的な性格・スズメバチ類の被害No.1

キイロスズメバチ

刺されたときの痛さはスズメバチ類No. 1

チャイロスズメバチ

オオスズメバチ（90ページ）より、少し小型だが、性質は狂暴で攻撃的だ。巣の周りを集団で飛び回って威嚇してくる。狂暴性はほかのハチにも発揮され、キイロスズメバチ（94ページ）などを襲いその巣を乗っ取ってしまう。相手の巣を乗っ取って自分の巣にしてしまうことを「社会寄生」といい、ほかのスズメバチと違うチャイロスズメバチの特徴だ。

刺されると、スズメバチの仲間では一番痛いといわれ、毒もほかのスズメバチより強く、呼吸困難などを起こす。毒を持っているほかのハチと同じように、アナフィラキシーショック（92ページ）にも注意だ。

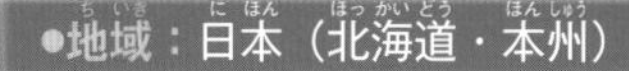
●地域：日本（北海道・本州）

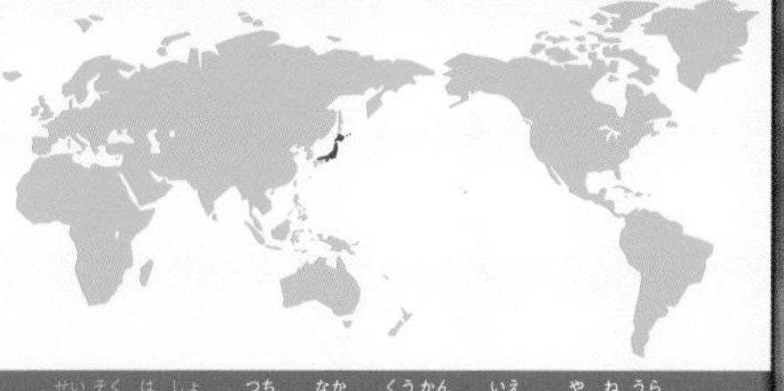

●生息場所：土の中の空間・家の屋根裏など
●体長：メス30㎜／オス26㎜／
働きバチ17㎜～24㎜
●毒：神経毒

分類
昆虫類
（スズメバチ科）
腹部に模様がなく
黒っぽい茶褐色。

ヒアリ

分類
昆虫類
（アリ科）

2017年6月、日本で特定外来生物（160ページ）に指定されているヒアリが初めて確認された。ヒアリは本来、南アメリカに生息しているアリだが、外国からの貨物船のコンテナ荷物といっしょに日本に入ってきたと思われる。アメリカ合衆国では毎年1400万人以上が刺されている。

ヒアリは従来から日本にいるアリと違って、アリ塚があったら要注意だ。（日本のアリは作らない）ヒアリは攻撃性が非常に高く、毒性が強いので“殺人アリ”といわれている。刺された瞬間は熱くて焼けるような痛みを感じ、その後息苦しさや吐き気、激しい動悸、血圧の急低下などの症状を起こす。特に危険なのはアナフィラキシーショック（92ページ）で、5分後にはめまい、10分後にはけいれん症状を引き起こす。海外では多数の死亡例が確認されている。

●地域：アメリカ合衆国、中国、
　　　オーストラリア、日本など

●生息場所：草原・海岸・公園など
●体長：2.5㎜～6㎜
●毒：神経毒

分類
昆虫類
（アリ科）

攻撃的な性格で赤みを帯びた真っ黒な体で大きなアゴ、胴体部分の先に毒針がある恐怖の巨大アリだ。サシハリアリに刺されると、銃で撃たれたような激しい痛みを感じるので、別名“弾丸アリ”ともいわれている。また、刺された後もズキズキする痛みがなかなか取れず何と24時間も続くので、現地では“24時間アリ”ともいわれ恐れられている。

アリの仲間で刺すアリはもちろん、スズメバチなどのハチの仲間を入れても、その痛みは№1といわれている。

刺されると銃で撃たれたような痛み

サシハリアリ

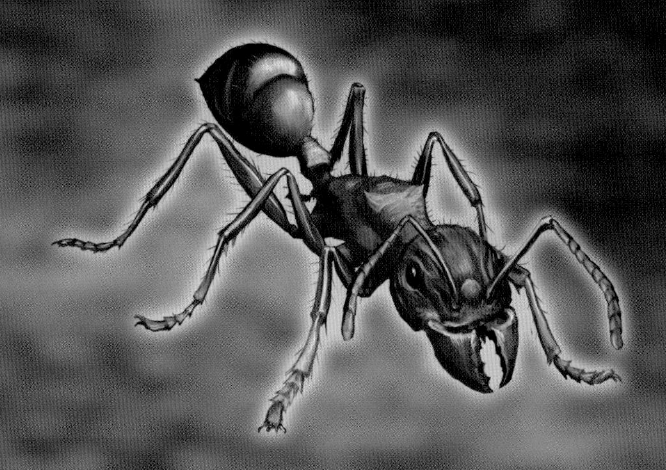

●地域：中央アメリカ～南アメリカ

●生息場所：湿潤な低地多雨林

●体長：2.5㎝～3㎝

●毒：神経毒

分類
昆虫類
（アリ科）

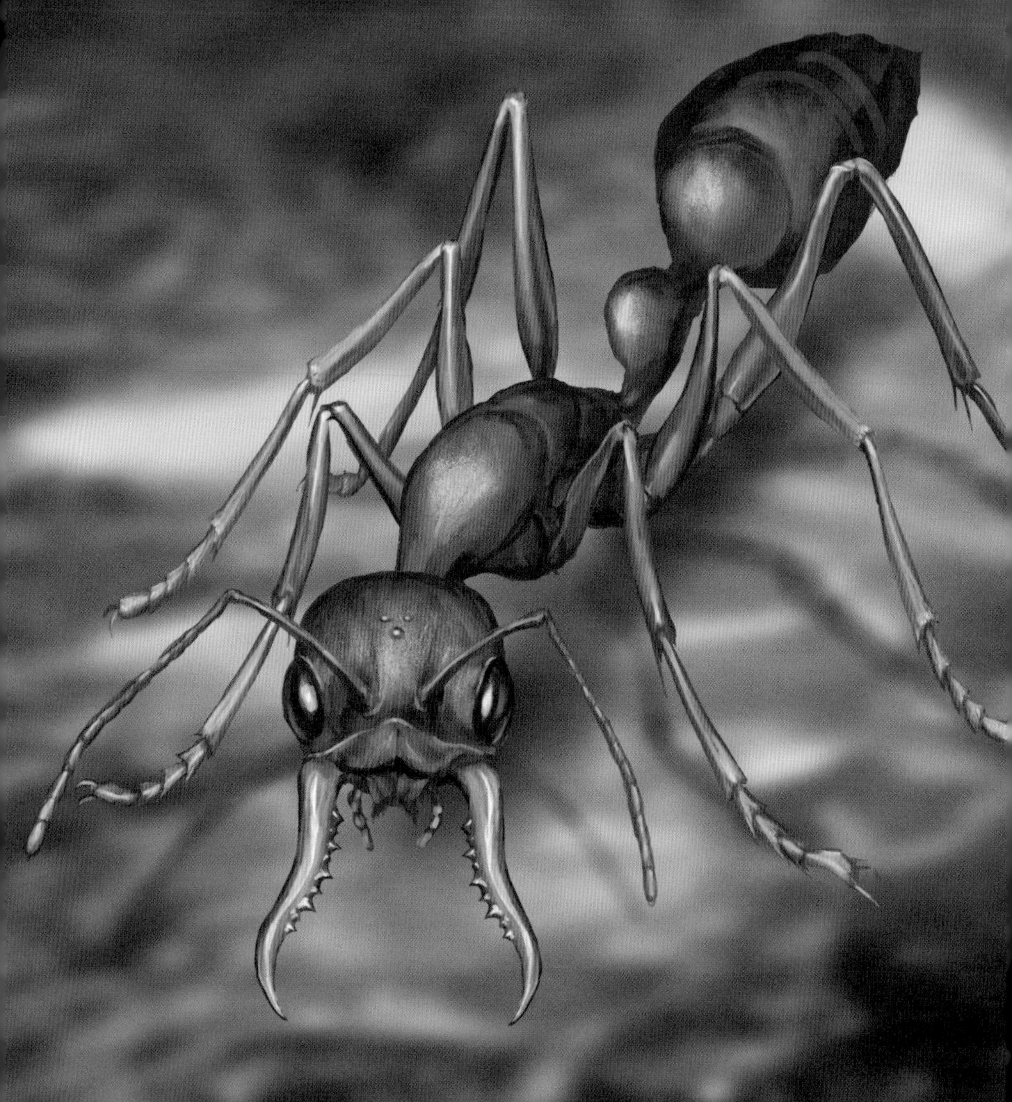

強力なアゴと太い針で毒液を注入

ブルドッグアリ
（キバハリアリ）

ブルドッグアリの仲間キバハリ属は94種～130種もいる。別名「キバハリアリ」という名の通り、下アゴが発達していてキバのような大きなアゴが特徴の猛毒アリだ。また、ブルドッグアリの複眼は大きく、優れた視力で獲物を確実に襲う。オーストラリアにだけ生息している猛毒アリで、世界で最も危険なアリだといわれている。性質も攻撃的で獰猛、自分より体が大きな相手でも一歩も引けを取らないで攻撃を仕掛ける。

刺されると激しい痛みとともに赤く腫れるが、危険なのは毒アレルギーによるアナフィラキシーショック（92ページ）だ。重度のアレルギー反応を起こしての死亡例もある。

●地域：オーストラリア

●生息場所：草原・乾燥した場所など
●体長：4㎜～37㎜
●毒：神経毒

分類
昆虫類
(アリ科)

トビキバハリアリはブルドッグアリ(102ページ)の仲間で小型の種類のアリで、ジャックジャンパー、ホッパー・アントなどの別名でも呼ばれる。強力な針と大きなアゴを持つ。オーストラリア本土の南東部やタスマニア島に生息している猛毒アリだ。

名前の通り中脚と後ろ脚でジャンプするアリで、8cm ほどジャンプする。視力がとても良くて、その視力を利用して獲物を捕らえる。狙われたら最後、侵入者を1m先から追跡する。攻撃的な性格で、自分より大きい相手でも攻撃する。ミツバチなどを襲って食い殺すこともある。庭にも侵入するので、ガーデニングで刺される事故が多いアリで、アナフィラキシーショック(92ページ)を起こし死に至ることもある。

●地域：オーストラリア南東部

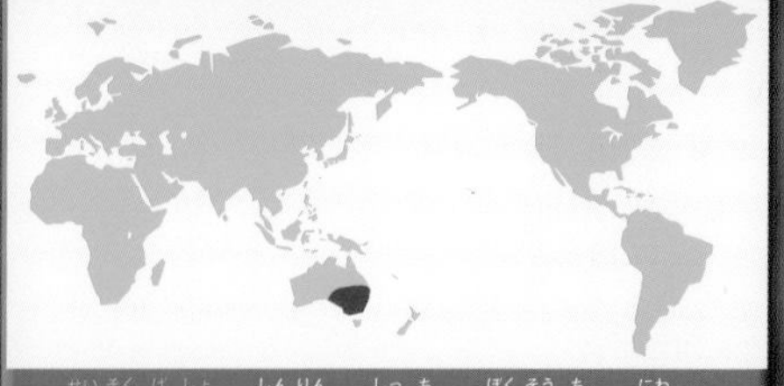

●生息場所：森林・湿地・牧草地・庭など
●体長：メス 14㎜～ 16㎜ / オス 11㎜～ 12㎜ / 働きアリ 12㎜～ 14㎜
●毒：神経毒

ジャンプして獲物(えもの)を襲(おそ)う超攻撃的毒(ちょうこうげきてきどく)アリ

トビキバハリアリ

(ジャックジャンパー)

南米で恐れられる「殺人毛虫」

ベネズエラ・ヤママユガ

ベネズエラ・ヤママユガは熱帯雨林のジャングルに生息している蛾で、その幼虫が猛毒を持っている（成虫は無毒）。ジャングルに生息しているので、人間に接触することはあまりないが、森の中に分け入ったときに刺されることが多い。最近では森林伐採などの環境の変化で生息域が変わり、人間も接触することが多くなってきた。周囲の環境に合わせて体の色を変化させることができるので、知らないうちに触ってしまうことがある。

ハブ（56ページ）と同じ出血毒を有していて、刺されると血が止まりにくくなる。重症化すると内臓出血を起こしたりして死亡することもある。今までに500人以上が死亡している。

分類
昆虫類
（ヤママユガ科）
●地域：南アメリカ（コロンビア・ベネズエラ）
●生息場所：ジャングル
●体長：5㎝（成虫 15㎝）
●毒：出血毒

分類
昆虫類
（メガラヒギア科）

ふさふさの毛の下に猛毒の棘

プス・キャタピラー

プス（puss）とは子ネコ、キャタピラー（caterpillar）は毛虫という意味だ。ペルシャネコのように毛がふさふさしているのでこの名がついた。サザン・フランネル・モスという蛾の幼虫で、アメリカでは最も有毒な毛虫といわれている。

毒の棘がふさふさした毛の下に隠れていて、触ると棘から毒を出し、触った部分に痛みが広がっていく。ひどいときは、頭痛、吐き気、腹痛を起こし、呼吸困難に陥ることもある。刺されたときは、その棘を取り除くのにセロハンテープを使った応急処置が効果があるともいわれている。

●地域：アメリカ合衆国、メキシコ

●生息場所：オーク（日本名・ナラ）やニレの木、園芸植物など

●体長：25㎜（成虫 36㎜）

●毒：神経毒

イラガとチャドクガ

イラガもチャドクガも日常生活で特に被害にあうことが多い毛虫なので注意しよう。イラガに刺される強烈な痛みとともに皮膚炎を起こし、チャドクガは痒みが数か月も続くという両方ともやっかいな毛虫だ。

身近に接する強い毒の持ち主なので、猛毒生物といっしょに知っておこう。

サクラ、ウメ、リンゴ、ナシなどの葉の裏などにいる。幼虫のときの体型は太くて短く、鋭い針を持った角のような突起が何本も生えている。

幼虫のときがいちばん危険で、うっかり葉を触って刺されると、毒棘の先端が折れて毒腺から毒液が注入される。刺されると電撃的な激しい痛みが生じ、その衝撃から「電気虫」とも呼ばれている。痛みが消えた後に痒みはないが、皮膚炎を起こす。

イラガの繭や成虫は無害だ。

■分類：
昆虫類（イラガ科）
●地域：
日本各地（沖縄県以外）
●生息場所：
街路樹、公園、果樹園
●体長：
13㎜～15㎜

　代表的なドクガで茶の木、ツバキ、サザンカなどツバキ科の植物に棲む。庭木の手入れなどのときに毒毛針（幼虫１匹で50万本以上）に触れると、２～３時間後に赤く腫れ上がり、痒みやかぶれを引き起こす。痒みが数か月も続くこともあるのでやっかいだ。チャドクガに直接触れなくても、毒毛針は飛ぶので、近くにいても被害にあうことがある。

　卵→幼虫→サナギ→成虫まで、ずっと毒毛針を持っている。

■分類：
昆虫類（ドクガ科）
●地域：
日本各地
（北海道と沖縄県以外）
●生息場所：
庭、公園
●体長：
25㎜～30㎜

分類
クモ類
（オオツチグモ科）

世界最大のクモで体長は10cmだが、脚を広げると最大で30cmぐらいの大きさになる。鳥を襲って食べるので、英名でゴライアス・バードイーターと呼ばれる。ゴライアスとは巨人という意味なので、「巨大な鳥を食べるもの」ということになる。

人間にとって毒はそれほど強くなく、咬まれても死亡することはないが、咬まれるとハチに刺されたような激痛があり、腫れたり、痺れ感などが出る。また、体が毛深く危険を感じると腹部にある毛を飛ばす。この毛は刺激毛と呼ばれ、人間の皮膚についたり、目に入ると炎症を起こして痛みを感じる。

●地域：南アメリカ北東部

●生息場所：熱帯雨林
●体長：10㎝
●毒：神経毒

鳥も食べる世界最大のクモ

ルブロンオオツチグモ

分類
クモ類
（ジョウゴグモ科）

毒グモの中でも最強クラスの毒の持ち主

シドニージョウゴグモ

脚を広げると 10cm ぐらいの大きさになる夜行性のクモ。オーストラリア南東部の市でオーストラリア最大の人口を有するシドニー周辺に生息するため、シドニーの名がついている。

シドニージョウゴグモはロブストキシン（71ページ）という強力な神経毒を持っていて、その毒は毒グモの中でも最強クラスだ。咬まれて重症化すると呼吸困難などを引き起こし、血清ができるまでは十数件の死亡例が確認されている。

特にオスはメスよりも危険で、体は小さいが猛毒のほかに強力なキバを持っていて（キバで威嚇する）、人家にもどんどん侵入してくるので現地では恐れられている。

●地域：オーストラリア南東部

●生息場所：倒木や岩石の下など
●体長：40㎜～ 50㎜
●毒：神経毒

分類
クモ類
(ジボグモ科)

超攻撃的性格の世界No.1毒グモ

クロドクシボグモ

（フォニュートリア・ドクシボグモ）

クモの巣を張って獲物を待つだけでなく、自分で獲物を探しにいく非常に攻撃的な性質だ。脚を広げると15cmの大きさになり、前脚を上げて威嚇する。あちこち歩き回るクモなので、フォニュートリア・ドクシボグモの別名のほかにもワンダリング（さすらうの意味）の名がついたブラジリアン・ワンダリング・スパイダーともいわれている夜行性のクモだ。

世界No.1の毒を持つクモなので、その毒は非常に強く、咬まれたときの痛みは猛烈で、呼吸困難などを引き起こして、人間だと30分も経たないで死亡するという。かつては死亡例も多くあったが、現在は血清ができている。

●地域：ブラジル、アルゼンチンなど

●生息場所：湿地帯
●体長：5㎝～8㎝
●毒：神経毒

分類
クモ類
（ヒメグモ科）

日本侵入のセアカゴケグモと同じ仲間の毒グモ

ジュウサンボシゴケグモ

ジュウサンボシゴケグモは日本国内ではまだ見つかっていないが、セアカゴケグモ(120ページ)と同じゴケグモの仲間で、日本では危険な特定外来生物(160ページ)に指定されている。

咬まれたときはあまり痛くないのでそれほど気にならないが、しばらくすると痛みが始まる。重症化すると全身の激痛や発汗、おう吐、呼吸困難などを起こし死亡することもある。血清ができてからは死亡例がなくなったといわれるが、アレルギーによるアナフィラキシーショック(92ページ)を起こすことがあるといわれ、日本に入ってこないことを祈る危険な毒グモだ。

↑
13～17個の赤い模様がある。

●地域：ヨーロッパ南部、中央アジア、アフリカ

●生息場所：草原・低木地帯
●体長：4㎜～18㎜（メス9㎜～18㎜／オス4㎜～7㎜）
●毒：神経毒

セアカゴケグモ

　オーストラリア原産の毒グモだが、今では東南アジア、ヨーロッパ、アメリカ合衆国などでも発見されている。船舶の建築資材などにまぎれて運ばれたと思われ、日本でも1995年に侵入が確認された。特定外来生物（160ページ）に指定され、国内では青森県、秋田県、長野県を除く44都道府県で確認されている。（国立環境研究所ＨＰ／2018年8月現在）

　咬まれると激痛の後に腫れてくる。長くても数日で症状は軽くなるが、ひどいときは頭痛や吐き気、筋肉麻痺などを起こすこともある。

　セアカゴケグモは昆虫などをエサにしていて、ベンチの裏や鉢の下、排水溝など暗いところや日当たりのよい物陰などにいるので気をつけよう。

●地域：オーストラリア、ニュージーランド、東南アジア、日本、ヨーロッパ、アメリカ合衆国

●生息場所：森林・山・人家近辺
●体長：5㎜～10㎜（メス10㎜／オス3㎜～5㎜）
●毒：神経毒

分類
クモ類
（ヒメグモ科）

日本中の平地や山地など至るところにいるクモで、強い毒を持つクモなので要注意だ。ほかのクモのように網状の巣を作らないで、夜に徘徊する。メスはススキなどの葉を丸めてその中に卵を産み守るので、丸めた葉をうっかり触って開いたりすると咬まれてしまう。特に、6月から7月の繁殖期には気をつけたほうがいい。産まれた子は母の体液を吸って育ち、母グモは30分で死んでしまう。

咬まれると針で刺されたような激痛があり、赤く腫れてくる。カバキコマチグモの毒は強烈だが、体が小さくて咬んだときの毒の量も少ないので軽症の場合が多い。野山を歩くときは、毒を抜く器具「ポイズンリムーバー」（162ページ）を用意しておくとよい。

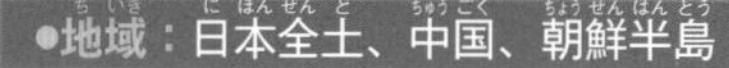

●生息場所：草むら・田んぼなど
●体長：10㎜～15㎜（オス・メス）
●毒：神経毒

日本生息の最強の毒グモ

カバキコマチグモ

警告色（警戒色）

目立ちやすい体の色で「こちらを攻撃すると危険だ」ということを敵に知らせて自分の身を守ることを警告色、または警戒色という。

モウドクフキヤガエルやイチゴヤドクガエルなどは、体は小さいが体の色が鮮やかな黄色や赤色で目立っている。

目立たないように周囲に溶け込んだ保護色で身を守るほうがいいような気がするが、この目立つ色が警告色となり襲おうと思っている敵に強力な毒を持っていることを知らせているのだ。

皮膚に猛毒を持っているカエルは攻撃するための毒ではないので、ほかの動物が触ったり、間違って食べたりしなければ影響はない。このような警告色の動物はほかにもファイアサラマンダー（84 ページ）やカリフォルニアイモリ（86 ページ）などがいる。

また、攻撃的な毒を持っているということを敵に知らせるのに目立つ色（警告色）をしているヘビもいる。体色が赤色・黒色・黄色の派手な色のブラジルサンゴヘビ（50 ページ）だ。ヘビの中では小型だが、敵があなどって攻撃してくるのを防いでいるかのようだ。体は小さいが、サンゴヘビの中では最強の猛毒の持ち主なのだ。

ブラジルサンゴヘビが小型だが、強力な毒を持っていることを敵に知らせているので、このサンゴヘビと体長が同じぐらいのヘビで、毒を持っていないか持っていても弱毒なので、敵から身を守るために、体の色をブラジルサンゴヘビそっくりに擬態するニセサンゴヘビもいる。

ほかにも、オオスズメバチ（90 ページ）やアシナガスズメバチなどのハチが、黄色と黒色の目立つ体色をしているのも、危険な昆虫だということを相手に知らせている警告色だ。

海では体長が 10cm ぐらいの小さなタコのヒョウモンダコ（176 ページ）も刺激を受けたり、興奮すると体に青い輪や線が現れ、体色が明るい黄色に変化して猛毒を持っていることを知らせる。また、周囲の海藻の色に擬態するなど体色を変化させる。

植物にも警告色がある。たとえばキノコでは、赤色や黄色、白色など目立つ色が警告色で、カエンタケ（148 ページ）の赤色やドクツルタケ（144 ページ）の白色などがそうである。

ニセサンゴヘビの擬態

は〜い。ぼくの自慢の
ハデハデボディを見てくれ。
ブラジル
サンゴヘビ

えっ、目立ちすぎると
敵に見つかりやすくて、
危険だって!?
おっ、獲物だ。

待てっ。
あいつは
よせ!!
何っ?

あいつは猛毒を
持っているんだ。
こっちが危ない！
本当だ！
あいつだ。

ほかを探そう。
ねっ。
目立つ色で
猛毒があると
警告してるんだ。

あそこにも
同じヘビが
いるぞ。

今日はついて
ないな。
引き上げよう。
やーい。
行っちゃったよー。

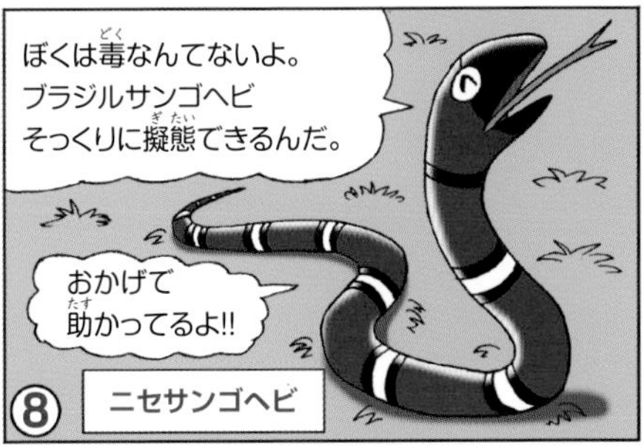

ぼくは毒なんてないよ。
ブラジルサンゴヘビ
そっくりに擬態できるんだ。
おかげで
助かってるよ!!
ニセサンゴヘビ

分類
クモ類
（キョクトウサソリ科）
●地域：南アメリカ（ブラジル）
●生息場所：乾燥した地域
●体長：5㎝～7㎝
●毒：神経毒

都市にも現れ、大増加中の猛毒サソリ

ブラジルキイロサソリ

南アメリカで最も危険だと恐れられているのがブラジルキイロサソリだ。伐採された木材といっしょに運ばれ、都市にも現れ始めた。ゴキブリなどをエサにして、都市の下水道などに生息している。何か月もエサを食べなくても生きていられる。都市に現れるようになったので、ブラジルでは 12 年間で 48 万人が刺され 728 人が死亡している。

尾は獲物を押さえたりもするが、毒を注入する棘もついている。

人間が刺されても軽症のときは刺された部分の痛みですむが、中程度のときは発熱やおう吐、重症のときは心筋障害などで危険な状態になることもある。特に、子どもが刺されると危険だ。

分類
クモ類
（キョクトウサソリ科）

音もなく忍び寄る死神サソリ

オブトサソリ

（デスストーカー）

オブトサソリはその名の通り尾が太いのが特徴で、２つのハサミよりも尾が太い。別名デスストーカー。「死ぬまで執拗につきまとう者」という意味だ。

オブトサソリは動きが素早いのが特徴で、いつの間にか気づく間もなく忍び寄ってくるから恐ろしい。性質が獰猛で、強力な神経毒の持ち主だ。エサが少ない地域にいるので、獲物を確実に仕留めるために毒が強くなった。尾の先の針から毒を注入する。その毒は強力だが１回に出す毒が少ないので、健康な成人だと死に至ることはないが、小さな子どもや免疫力が低下している高齢者だと死亡率が高い。また、アナフィラキシーショック（92 ページ）の危険性もあるやっかいなサソリだ。

●生息場所：荒れ地や石の下・砂漠
●体長：5㎝～ 15㎝
●毒：神経毒

分類
クモ類
（キョクトウサソリ科）

毒針から毒液を飛ばして威嚇する

ジャイアントデスストーカー

体の色が黒く尾が太いので、ブラック・シックテールド（尾が太いの意味）・サソリとも呼ばれ、アフリカで恐れられている毒サソリだ。尾の毒針で刺されると激しい痛みを感じるが、オブトサソリ（128ページ）と同じように、健康な成人だと死ぬことはないが、子どもや免疫力が低下している高齢者だとかなり危険だ。

また、ジャイアントデスストーカーは尾の毒針で刺すだけでなく、危険を感じると毒針から霧状の毒液を飛ばして相手を威嚇するので、もし飛ばされた毒液が目に入ると大変なことになる。

●地域：アフリカ南東部

●生息場所：砂漠・低木地・岩の下
●体長：9㎝～11㎝（最大18㎝）
●毒：神経毒

世界最大の毒ムカデ

ペルビアンジャイアントオオムカデ

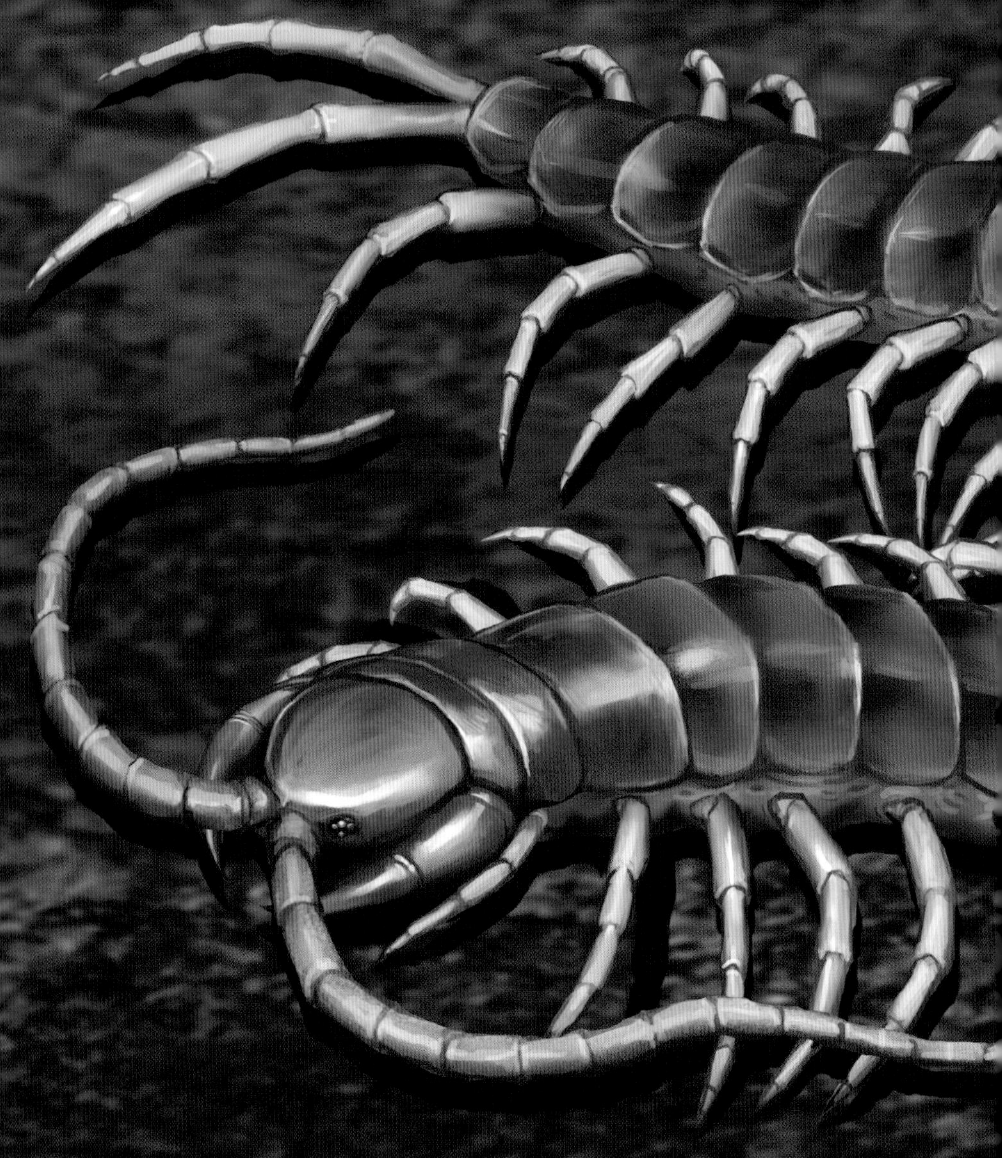

分類
ムカデ類
（オオムカデ科）

熱帯雨林に棲んでいる肉食動物でアゴの力が強く、キバも鋭い。巨大なムカデで、大きな昆虫、クモ、サソリ、トカゲやカエル、小さなヘビ、毒グモのタランチュラまでも襲う獰猛なハンターだ。夜行性で地上に暮らすが、木に登って獲物を探すこともある。上から垂れ下がり、コウモリを捕まえて食べる。相手を威嚇するときは体の前方に首を持ち上げる動作をする。

2014 年にはベネズエラで4歳の子どもが大きなムカデに咬まれて死亡したが、ペルビアンジャイアントオオムカデに咬まれたのではないかと考えられている。

●地域：ブラジル、ペルー、カリブ海の島々

●生息場所：熱帯雨林
●体長：20㎝～ 30㎜（最大 40㎝）
●毒：不明

体は小さいが強力な毒で攻撃

アオズムカデ

アオズムカデは頭部から体全体が濃青色で、脚がトビズムカデ（136ページ）より暗い黄色をしている。トビズムカデより体が一回り小さいが、アオズムカデのほうが毒が強い。一度咬みつくと、獲物が死ぬまで咬みついて離さない。

ムカデの毒はハチの毒と似ていて、咬まれた瞬間は針で刺したような鋭い痛みが走り、赤く腫れてくる。ひどくなると発熱や頭痛に襲われ、治るまで数日かかることもある。人間が死ぬような強い毒ではないが、アナフィラキシーショック（92ページ）の症状が出る場合もあるので、そのときは速やかに医療機関にかかることだ。

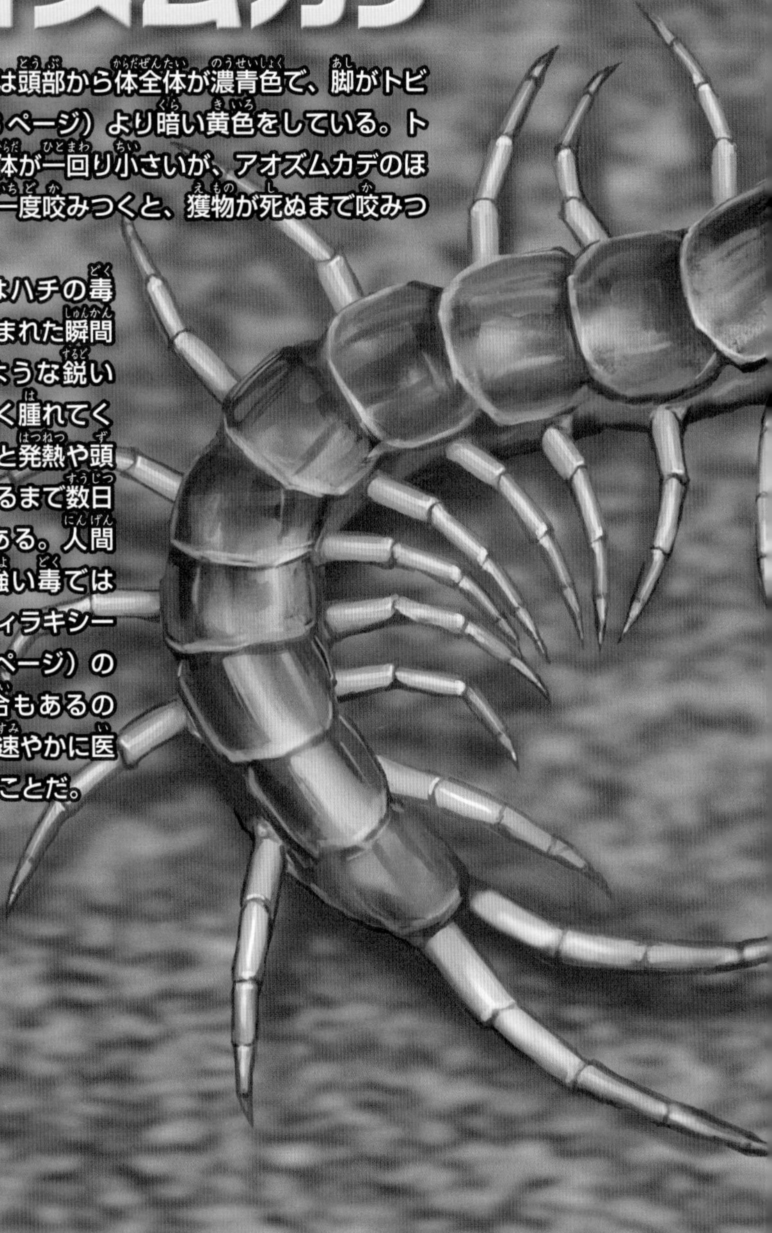

分類
ムカデ類
（オオムカデ科）
●地域：日本（北海道以外）
●生息場所：森林・草むら・田畑・人家周辺
●体長：7㎝～12㎝
●毒：神経毒

人家にも入ってくる日本最大級の大ムカデ

トビズムカデ

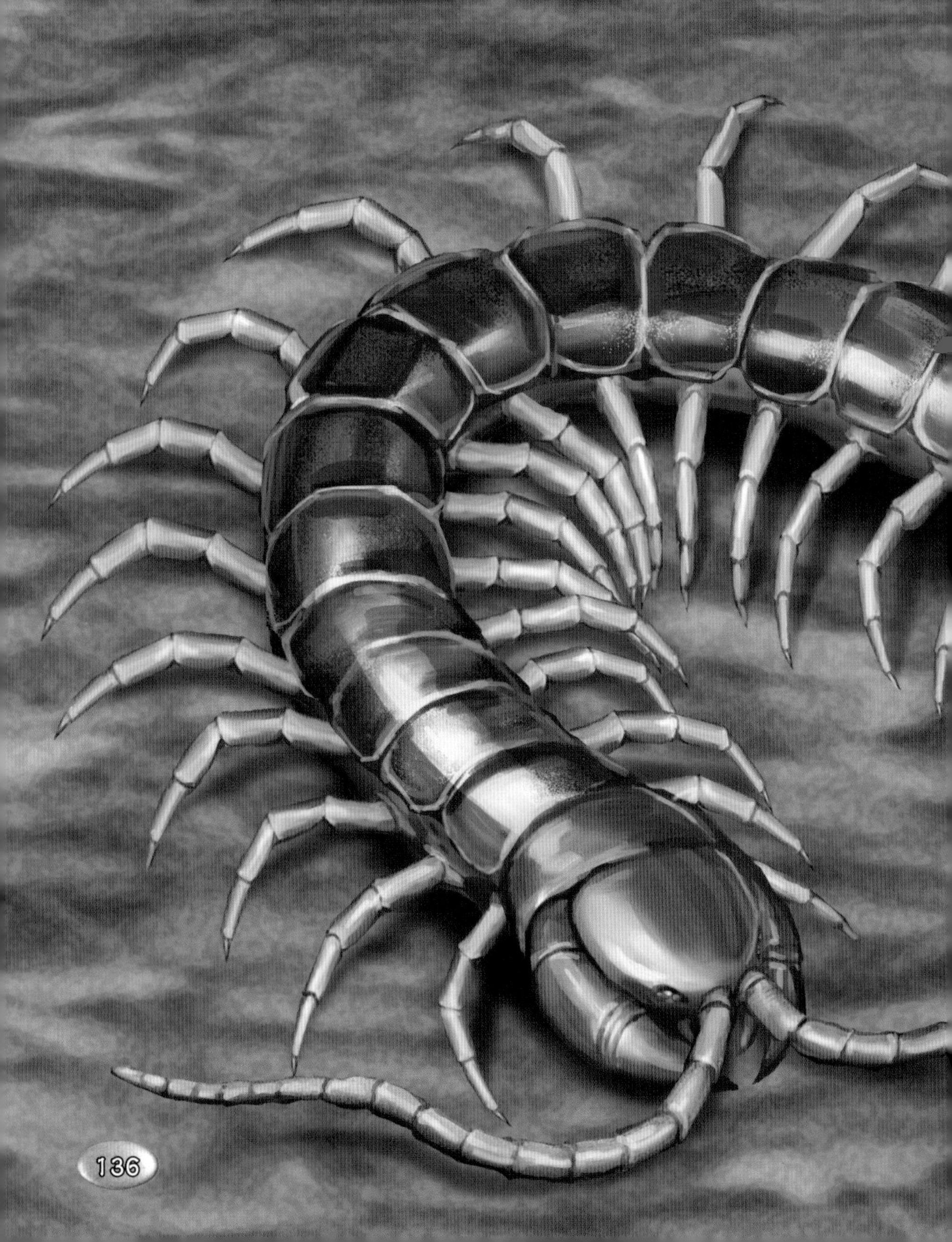

分類
ムカデ類
（オオムカデ科）

●地域：日本各地

●生息場所：森林・草むら・田畑・人家周辺
●体長：8 ～ 15㎝（最大 20㎝）
●毒：神経毒

トビズムカデとアオズムカデ（134 ページ）はよく似ているが、トビズムカデのほうが体がやや大きくて、体色が濃い暗緑色で頭の部分が黄赤色、脚が黄色なのが特徴だ。

バッタやガ、ゴキブリなどをエサにするので、ゴキブリがいる人家にも侵入してくる。家の中にも入ってくるので、日本ではムカデの中でもトビズムカデに咬まれる被害が最も多い。咬まれると痛みのほかに痺れが出ることもあり、アナフィラキシーショック（92 ページ）を起こすこともあるので要注意だ。

分類
哺乳類
（トガリネズミ科）

獲物を強力な毒で弱らせてむさぼり食う

プラリナトガリネズミ

毒を持っている哺乳類といえばカモノハシ（142ページ）だが、トガリネズミも毒を持っている珍しい有毒哺乳類だ。尻尾が短いのが特徴。獲物は昆虫やカタツムリ、ミミズなどだが、だ液から獲物を麻痺させるカリクレイン様プロテアーゼを含む強力な神経毒（70ページ）を出し、相手が弱って動きが衰えたところをむさぼり食う。この毒は、自分の体より大きい小動物を麻痺させるのに十分とされる。

プラリナトガリネズミは、視力や嗅覚はあまり良くないようだが、反響定位と呼ばれる自分の発した音で獲物との距離を知る独特の感覚で獲物の動きを捕らえることができる。

●地域：北アメリカ（東部）

●生息場所：森林、低木林
●全長：10.8㎝～14㎝
●毒：神経毒

分類
鳥類
（コウライウグイス科）

1990年にニューギニアで発見された猛毒鳥

ズグロモリモズ

頭部と羽は黒色だが体は鮮やかなオレンジ色。毒を持っているぞと警告しているみたいだ。皮膚や羽などにホモバトラコトキシン（71ページ）という神経毒を持っている。羽1枚の毒で人も死ぬ。これは猛毒ガエルで有名なモウドクフキヤガエル（74ページ）と同じような毒だ。この毒はエサにしている昆虫などから採って蓄えたと考えられている。毒はズグロモリモズを捕らえようとする外敵や寄生虫などから身を守っている。

ズグロモリモズに似た色をした鳥もいて、その似せ方（擬態）はベイツ型擬態と呼ばれている。19世紀のイギリスの探検家ヘンリー・ウォルター・ベイツがほかの生物で発見したので、その名にちなんでつけられた。

●地域：インドネシア、パプアニューギニア

●生息場所：ジャングル
●全長：22㎝～25㎝
●毒：神経毒

カモノハシはオーストラリア東部にのみ生息している。アヒルのようなくちばしにモグラのような体、水かきのある脚、この不思議な体をしているカモノハシでもう一つ変わっているのは、哺乳類なのに卵を産むことだ。カモノハシは目を閉じて泳ぐが、アヒルのような大きなくちばしには神経が通っていて、獲物を感知することができる。

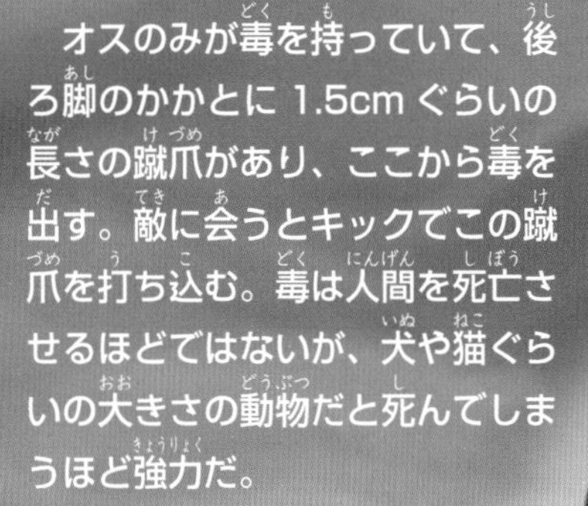

オスのみが毒を持っていて、後ろ脚のかかとに 1.5cm ぐらいの長さの蹴爪があり、ここから毒を出す。敵に会うとキックでこの蹴爪を打ち込む。毒は人間を死亡させるほどではないが、犬や猫ぐらいの大きさの動物だと死んでしまうほど強力だ。

後ろ脚に隠れた猛毒の鋭い爪

カモノハシ

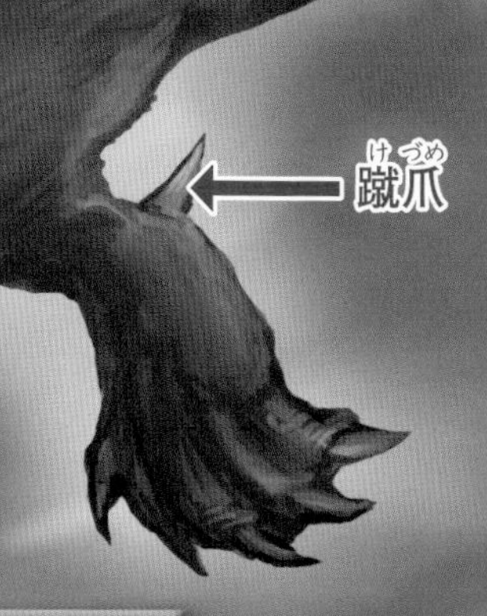

●地域：オーストラリア（東部・タスマニア州）

●生息場所：川・沼・湖
●全長：40㎝～60㎝
●毒：神経毒

純白色の美しい猛毒キノコ

ドクツルタケ

日本全国に分布している、最も猛毒のキノコだ。夏から秋に雑木林や広葉樹林の中に1本ずつあちこちに生える。全体に純白色でその姿は美しく、根本が袋状のツボで包まれている。シロタマゴテングタケ（150ページ）も白いキノコで根本にツボがある猛毒キノコであり、全体に白く根本にツボのあるキノコは猛毒なので絶対に食べてはいけない。シロタマゴタケとよく似ているが、ドクツルタケのほうが大きくて、柄にささくれがある。

ドクツルタケは1本で大人が一人死ぬほどだ。食後6～24時間後におう吐、下痢、腹痛などに襲われ、その後肝臓、腎臓の機能障害症状が現れ死亡することもある。死亡率は70%以上ともいわれている。

●地域：日本全国

●自生場所：雑木林・広葉樹林帯
●高さ：10㎝～18㎝
●かさの直径：5㎝～15㎝
●毒：アマニタトキシン（158ページ）

分類
担子菌類
（テングタケ科）

分類
担子菌類
（ホウライタケ科）
●地域：日本各地・朝鮮半島・ロシア極東地方・中国東北部など
●自生場所：ブナなどの枯れ木
●高さ：1㎝～5㎝
●かさの直径：10㎝～25㎝
●毒：イルジン-S（158ページ）

ひだは暗闇で青白く発光

ツキヨタケ

夏から秋に重なり合って生える。食用のシイタケやヒラタケに似ているせいか、日本の毒キノコの中で中毒率が最も高い。食後30分から1時間ほどでおう吐、下痢、腹痛などの症状が現れるが、数日で回復する。だが、まれに死亡例もある。

ひだに発光性があり、暗闇で青白く発光する特徴がある。

光るツキヨタケ

分類
子嚢菌類
（ボタンタケ科）

火焔のような赤い指の猛毒キノコ

初夏から秋に、枯れたブナやクヌギなどの切り株やその周辺に、赤い手の指のような形で生えている。絶対に口に入れてはいけないキノコだ。食後 30 分から，発熱、おう吐、下痢などの症状を起こす。2日後に消化器不全、腎不全などによる死亡例も。

手で触っても炎症を起こすので注意。毒キノコは触っただけでは問題はないが、このカエンタケは例外で、発見しても絶対に触れてはいけないキノコだ。

●地域：日本全国

●自生場所：広葉樹林帯
●高さ：10㎝～ 15㎝
●かさの直径：かさがない
●毒：トリコテセン類（158 ページ）

分類
子嚢菌類
（フクロシトネタケ科）

脳ミソのような形の毒キノコ

シャグマアミガサタケ

色は黄褐色または赤褐色で、かさは凸凹でしわがあるため、まるで人間の脳のような形だ。ゆでると毒成分が抜けるので、ヨーロッパでは食用にしている。十分に毒が抜けないまま食べると、早いときは2時間後ぐらいに吐き気、おう吐、下痢などの症状が現れる。ひどいときは、肝機能障害、腎不全などを起こし、死に至ることもある。

●地域：北半球温帯以北・日本（北海道・本州）

●自生場所：針葉樹林など
●高さ：5㎝～10㎝
●毒：ギロミトリンなど（158ページ）

分類
担子菌類
（テングタケ科）

柄がなめらかな純白猛毒キノコ

シロタマゴテングタケ

ドクツルタケに似ている純白色のキノコで根本にツボがあるが、ドクツルタケより小型で、柄にささくれがなくなめらか。夏から秋にかけて生える。食後6時間から24時間後におう吐、下痢、腹痛に襲われ、数日たつと黄疸症状や胃腸からの出血などの症状が現れ、死亡することもある。

●地域：日本全国

●自生場所：雑木林・広葉樹林帯
●高さ：7㎝～10㎝
●かさの直径：5㎝～10㎝
●毒：アマニタトキシン（158ページ）

分類
担子菌類
（テングタケ科）

欧米で親しまれているかわいい形

ベニテングタケ

夏から秋に生える真っ赤なかさの上に白いイボイボがある華麗なキノコだ。ハエがなめると仮死状態になるので、地方名でアカハエトリとも呼ばれる。食後30分から1時間ほどでおう吐・下痢・腹痛などを発症するが、数時間で回復する。まれに死亡例もある。

風雨などで白いイボイボが取れると食用のタマゴタケと間違えることもあるので注意。ベニテングタケは柄やひだが白色だが、タマゴタケは柄やひだが黄色なので、色で見分けることができる。

●地域：北半球

●自生場所：針葉樹や広葉樹の地上
●高さ：10㎝～20㎝
●かさの直径：10㎝～15㎝
●毒：イボテン酸など（158ページ）

植物界最強の猛毒

分類
双子葉植物
（キンポウゲ科）

ヤマトリカブト

●地域：日本（本州の関東西部・中部地方）

●自生場所：山地（林の周辺）
●草丈：60㎝～100㎝
●毒：アルカロイド（159ページ）

夏になると紫色の花が咲く。草全体に毒があるが、特に根に多くの毒がある。花がニワトリのトサカに似ているのでトリカブトの名がついた。トリカブトの仲間は日本に30種あり、日本三大有毒植物（162ページ）の一つだ。ヤマトリカブトを間違えて食べると、手足の痺れや腹痛、症状がひどいときは、呼吸困難を起こして死に至ることもある。

セリに似ている猛毒ゼリ

分類
双子葉植物
(セリ科)

ドクゼリ
(オオゼリ)

▲タケに似た太い地下茎

春の七草の一つで独特の香りがする「セリ」によく似ていて、自生場所も同じところなので、セリと間違って食べてしまうことがある。食べると、おう吐、けいれん、呼吸困難などを起こし死亡することもある。

ドクゼリは草丈が１ｍぐらいにもなるが、セリは若芽のときで草丈が 10cm ～ 15cm ぐらい、花期でも 30cm ぐらい。また、ドクゼリの地下茎は太くて節がよく目立つ。特に地下茎に強い毒がある。

日本三大有毒植物（162 ページ）の一つ。

●地域：北海道～九州、ユーラシア大陸

●自生場所：水辺・湿地
●草丈：60㎝～ 100㎝
●毒：シクトキシンなど（159 ページ）

植物全体、果実にも毒がある

分類
双子葉植物
（ツツジ科）

アセビ

山地の岩の多いところに生える常緑低木で、４月から５月ごろにかけて白色のかわいいスズランのような花が咲く。葉を食べた馬が毒にあたって、酒に酔ったようにふらつくことから、漢字では「馬酔木」と書く。

花・葉・茎など植物全部に毒があり、人間が食べると血圧低下やおう吐、呼吸困難などを起こす危険な植物だ。

●地域：日本（本州・九州）

●自生場所：山地
●樹高：1.5ｍ～４ｍ
●毒：グラヤノトキシンなど（159ページ）

鮮やかな花の常緑毒低木

キョウチクトウ

分類
双子葉植物
(キョウチクトウ科)

●地域：日本全国

●自生場所：インド原産
●樹高：2m～5m
●毒：オレアンドリン（159ページ）

家庭の庭木や公園、道路沿いで、夏になると鮮やかなピンク色や白色の花を咲かせるキョウチクトウだが、実は猛毒植物だ。枝・花・実など全体に毒があるが、特に枝と葉の毒性が強い。誤って口にすると、おう吐、めまい、腹痛などを起こし、重症化すると心臓麻痺を起こすこともある。

キョウチクトウを食べて育つキョウチクトウスズメ（蛾）の幼虫は、キョウチクトウにとって天敵だ。

観賞用としても人気の猛毒多年草

キツネノテブクロ

（ジギタリス）

キツネノテブクロは、英名のFoxglove＝フォックス（狐）・グローブ（手袋）からきている。

健康野菜として知られるコンフリーに似ているので、間違って口にすることもある。2008年に富山県で、コンフリーと間違えて、葉をミキサーにかけて飲んでしまい、悪心（おう吐の前に起こるむかつき）・おう吐で治療を受けた例がある。

重症化すると心臓機能が低下して死亡することもある。

●地域：ヨーロッパ原産

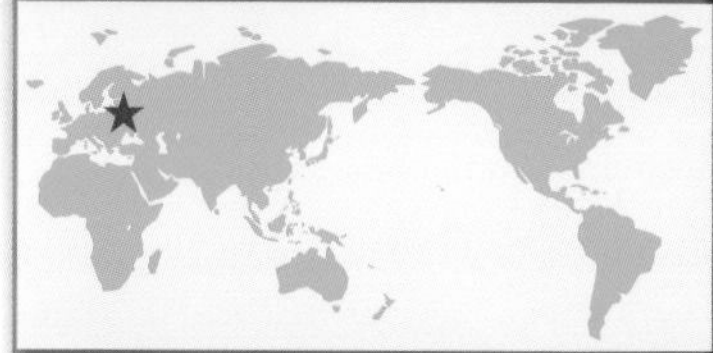

●自生場所：園芸用・荒れ地などに自生
●高さ：80㎝～120㎝
●毒：ジギトキシンなど（159ページ）

身近な食材にも猛毒の危険が

分類
双子葉植物
（ナス科）

ジャガイモ（芽）

ジャガイモは日常ではいろいろな料理に使われ、私たちにはなくてはならない食材だが、芽が出たり、皮に光が当たって緑色になったジャガイモは危険だ。

ジャガイモの芽や緑色になった皮には、ソラニンという毒成分が含まれていて、食べると下痢や腹痛、おう吐、めまいなどの症状を起こす。ひどいときは、呼吸困難や昏睡状態になることもある。

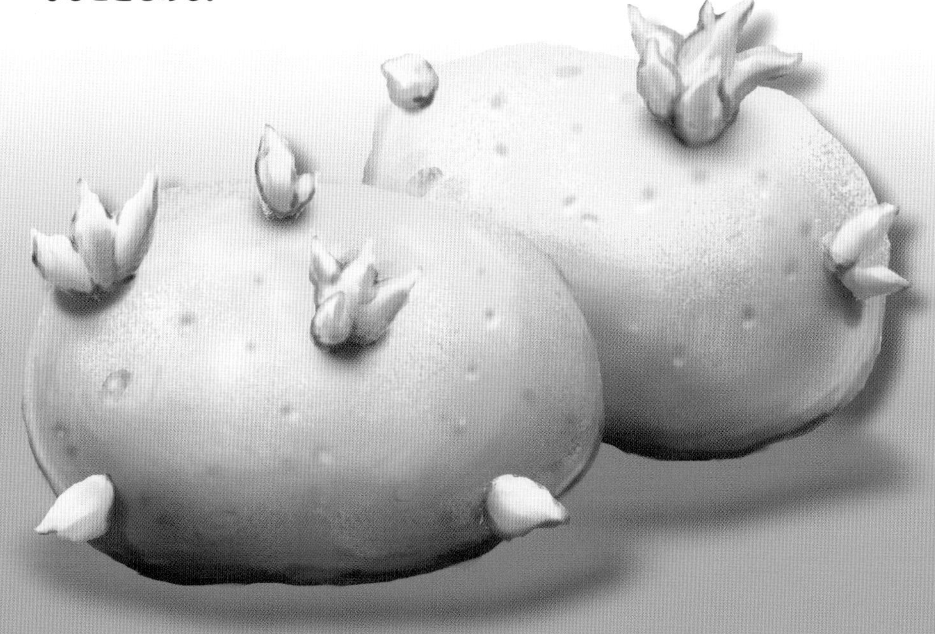

●地域：南アメリカ原産

●自生場所：畑
●高さ：50㎝～100㎝
●毒：ソラニンなど（159ページ）

毒について2

キノコの毒

キノコは食用としてとてもおいしい食べ物だが、毒キノコによる食中毒が毎年のように発生している。キノコの多くは秋に採れるので、食中毒は秋の発生が多く毎年約 100 人ぐらいのキノコ中毒患者が出ている。キノコの食中毒の主な症状は、おう吐、腹痛、下痢、けいれんなどだ。食中毒で多いのはツキヨタケ（146 ページ）で、キノコ食中毒の40%以上を占めている。

【主なキノコの毒】

●**アマニタトキシン**…ドクツルタケやシロタマゴテングタケに含まれる有毒成分。下痢やおう吐、腹痛を起こし、内臓細胞を破壊することもある。

●**イルジン-S**…ツキヨタケに含まれる有毒成分。おう吐や吐き気などの食中毒症状を起こす。

●**トリコテセン類**…カエンタケに含まれるカビ毒素の一種。

●**ギロミトリン**…シャグマアミガサタケに含まれている有毒成分。吐き気や腹痛を起こし、重症化すると血圧低下など肝障害を起こす。昏睡状態から死に至ることもある。

●**イボテン酸**…テングタケ科のキノコに含まれる有毒成分。神経系に作用する。眠気やめまいなどの症状を起こす。子どもの体内に大量に入ると、けいれんを起こしたり、昏睡状態になることもある。

植物の毒

人間と植物は深いかかわりを持っている。植物を鑑賞したり、食用に栽培したり、薬に利用したり、身の回りには必ずと言っていいほど植物がある。

しかし、植物には猛毒を有しているものもあり人間の健康を害することがある。食べられる山菜と間違ったり、花や実をつける前の若葉に似ているものもあって、食用の植物と間違って食べて食中毒を起こすこともある。たとえばドクゼリとセリ、ニラとスイセンなどが間違って食べる事故が多い植物だ。植物は心を癒やしてくれるが、毒を持つ植物には気をつけよう。

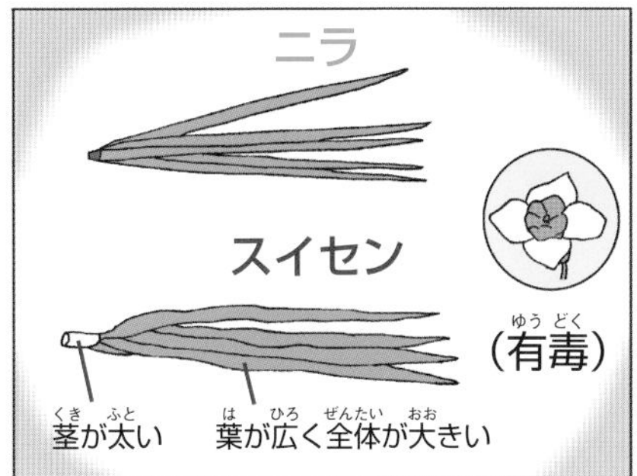

【主な植物の毒】

- **アルカロイド**…トリカブトなどに含まれる毒で、人間が数十秒で死亡する猛毒。しかし、弱毒処理が行われ医薬品にも使われている。
- **シクトキシン**…ドクゼリに含まれる猛毒。誤って食べると、おう吐やけいれんを起こし死亡することもある。
- **グラヤノトキシン**…アセビやレンゲツツジなど、ツツジ科の植物に含まれる毒。
- **オレアンドリン**…キョウチクトウに含まれている強力な毒。植物全体に毒があり、周辺の土壌にもこの毒があるので注意だ。
- **ジギトキシン**…キツネノテブクロ（ジギタリス）に含まれていて、誤って食べるとおう吐、下痢、めまいなどを起こし、重症化すると心停止して死亡することがある。
- **ソラニン**…主にナス科の植物に含まれる毒。ジャガイモの芽の緑色の部分にソラニンが含まれている。大量に食べたりすると死に至ることもある。

特定外来生物

外来生物とは、もともとその土地にいなかった生物がほかの地域から人間の手によって持ち込まれたり、外国から荷物や船底に侵入し移動して棲みついた生物だ。

環境省では外来種の被害を予防するために「外来種被害予防三原則」を定めている。

【三原則】とは

◉入れない…外来種をむやみに持ち込まない。

◉捨てない…飼っている外来種を捨てない。

◉広げない…すでにその地に棲みついている外来種をほかの地域に広げない。

の3つだ。

日本には、現在、2000種類以上の外来生物が野外で繁殖していて、生態系にさまざまな影響を与えている。外来生物の中でも、特に生態系や人に被害を及ぼす恐れのある生物は、外来生物法によって「特定外来生物」に指定されている。

特定外来生物には、アライグマなど哺乳類25種類、鳥類7種類、カミツキガメなど爬虫類21種類、オオヒキガエル（82ページ）など両生類15種類、ブラックバスなど魚類26種類、ツマアカスズメバチ（93ページ）やヒアリ（98ページ）など昆虫類21種類、甲殻類5種類、セアカゴケグモ（120ページ）などクモ・サソリ類7種類以上、軟体動物など5種類、植物16種類の合計148種類以上が指定されている。

◀オオヒキガエル
（82 ページ）

ツマアカスズメバチ▶
（93 ページ）

◀ヒアリ
（98 ページ）

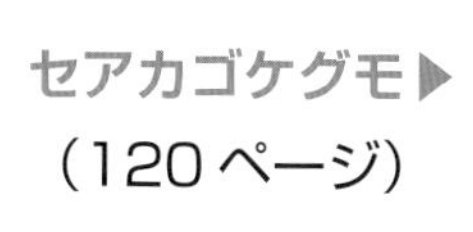

セアカゴケグモ▶
（120 ページ）

日本三大有毒植物

毒を持つ植物は数多くあるが、キンポウゲ科のトリカブト、セリ科のドクゼリとドクウツギ科のドクウツギの3種の植物が日本では三大有毒植物といわれている。トリカブトは152ページ、ドクゼリは153ページを参照。

「ドクウツギ」は、北海道と本州の近畿以東の山地や河畔、海岸などに見られる。低木で高さが1m～2mぐらい。実は1cmぐらいの大きさで、初めは赤くて熟すと黒紫色になる。特に実に強い毒があり、誤って食べると、おう吐、けいれん、呼吸麻痺などを起こし、重症化すると死に至る。

▲ドクウツギ

ポイズンリムーバー

ハチに刺されたり、ヘビに咬まれたときに、傷口から毒を吸い出す応急処置器具。刺されたり、咬まれたりするとパニックになってしまうが、落ち着いて素早くポイズンリムーバーで応急処置をしよう。応急処置後は、必ず医療機関にかかることだ。

海に棲む猛毒生物

殺人クラゲ・オーストラリアウンバチクラゲ、
アンボイナガイ、マダラウミヘビなど

26

分類
箱虫類
（ネッタイアンドンクラゲ科）

ハコ型のクラゲでは世界最大で、地球上最強の毒を持つクラゲ。別名のキロネックスとは「殺人の手」という意味のラテン語で、英名ではシーワスプといい、その意味は「海のスズメバチ」だ。とにかく毒の強さが半端ない。刺されたときは医療機関で素早い治療をしなければならないが、毒があまりに強くて手遅れになることが多い。英名シーワスプの通り刺されると激しい「刺痛」で、特に体重の軽い子どもに犠牲者が多く、刺されてから心停止まで数分内に起こることがある。

昼間に活発に動き、かさも触手も半透明で海の中では見えにくいのでとにかく恐ろしいクラゲだ。

●地域：オーストラリア、インド洋、西太平洋

●生息場所：海
●かさの高さ：50㎝　●触手の長さ：4.5m
●毒：複合毒

地球上最強の毒を持つ殺人クラゲ

オーストラリアウンバチクラゲ
（キロネックス）

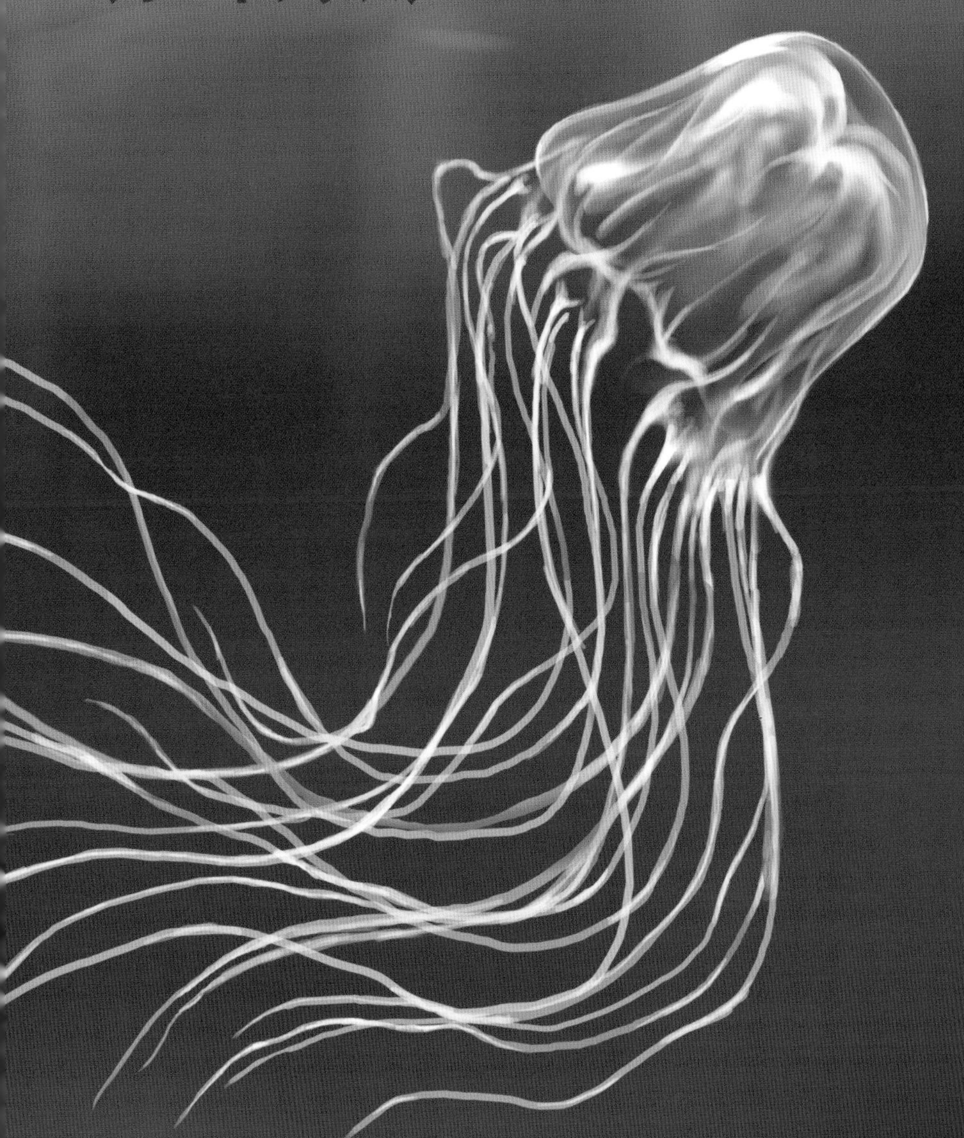

獲物の小魚を一瞬で殺す猛毒クラゲ

ハブクラゲ

分類
箱虫類
（ネッタイアンドンクラゲ科）

ハブクラゲは沖縄県近海に出没する猛毒クラゲで夜に活発に動く。その名は日本最強の毒ヘビで沖縄県に生息するハブから来ている。クラゲの多くは水中を浮遊するが、ハブクラゲは遊泳能力が高く自ら動いて獲物に近づくことができる。小魚をエサにするので湾内や浅いところにも現れるが、その姿が半透明で見えにくいため、人間にとっても危険なクラゲだ。天敵はウミガメ。

刺されると激痛を感じ、刺された箇所がミミズ腫れになり壊死することもある。毒の量が多いので遊泳中の子どもが刺されると特に危険で、呼吸困難や心停止を起こして死に至ることもある。

●地域：日本（沖縄県）、インド洋、西太平洋

●生息場所：海
●かさの高さ：15㎝　●触手の長さ：1.5m
●毒：刺胞毒

分類
ヒドロ虫類
（カツオノエボシ科）

日本ではカツオがやってくる5月頃から沿岸に現れ、浮き袋が烏帽子（平安時代頃から日本の成人男性がかぶった帽子）に似ていることからカツオノエボシという変わった名前がついた。自分では泳ぐ力がなく、浮き袋が風で動くのにまかせて移動する。

カツオノエボシは別名「デンキクラゲ」と呼ばれ、刺されたときに感電したような痛みが走るのが特徴で、最初に刺されたときより2度目に刺されたときが危険だ。アナフィラキシーショック（92ページ）を起こし、死に至ることもある。

台風が通過した後に海岸や砂浜に打ち上げられて死んでいることがあるが、死んでいても触手には毒があるので絶対に触ってはいけない。触手は長いもので30 m以上になることもある。

触手に猛毒、海に漂う毒クラゲ

カツオノエボシ
（デンキクラゲ）

▲海の中でのカツオノエボシ

●地域：世界各地

●生息場所：海
●浮き袋の大きさ：10㎝
●触手の長さ：平均 10m
●毒：刺胞毒

分類
花虫類
（カザリイソギンチャク科）

死んだサンゴ礁や岩などに海藻のような形で付着していて、海藻と見分けがつかないように周りに溶け込んでいるので気づかないで触って刺される事故が多い。

「ウンバチ」の名は「海のハチ」から名づけられたことでもわかるように、イソギンチャクの中で一番危険でその毒はハブ毒の数倍もあるといわれている。表面に毒を持ったたくさんの刺胞球があり、刺されると電気が走ったような激しい痛みがある。患部の炎症が治るまで数週間もかかる。ひどいときは刺された部分が壊死したり、呼吸困難、急性腎不全を起こすこともある。

海のハチと恐れられる猛毒イソギンチャク

ウンバチイソギンチャク

●地域：日本（沖縄県以南）、
西太平洋～インド洋

●生息場所：海（死んだサンゴ礁の上など）
●体長：15㎝～ 20㎝
●毒：神経毒

ダイバーに人気のあるサンゴのウミトサカに似ているので、思わず触れて刺される事故が多い。砂の上に広げた触手には、毒性の刺胞が無数にある。刺されると激しい痛みがあり、刺された部分が赤く腫れ上がり、その痛みは数時間も続く。ひどいときには、皮膚が麻痺したり、吐き気や呼吸困難を起こす。

場所によっては浅瀬に生息していることもあるので、誤って踏んだり、触らないようにしよう。

何か物で刺激を受けると、びっくりしたように砂地の中に引っ込み砂地に大きな穴を残す。

●地域：日本（南日本以南）、オーストラリア

●生息場所：海（サンゴ礁・砂地の海底）

●直径：20㎝

●毒：神経毒・溶血毒

サンゴに似ているので触れる事故が多い

ハナブサイソギンチャク

●地域：アメリカ合衆国ハワイ州（マウイ島）

●生息場所：海（サンゴ礁の浅海）
●直径：35㎜
●毒：神経毒

世界No.1猛毒生物

マウイイワスナギンチャク

アメリカ合衆国ハワイ州のマウイ島周辺にしか生息していないマウイイワスナギンチャクは、世界最強の猛毒生物ナイリクタイパン（26 ページ）よりも毒が強く、世界最強の毒生物だ。イワスナギンチャクには刺胞がないので刺されることはないが、触って毒が体内に入ると大変だ。その毒は、神経毒のパリトキシン（216 ページ）で、体内に入ると尿が茶褐色になり、けいれんを起こし、重症のときは呼吸困難、腎不全などを起こし死に至る。

イワスナギンチャクは体を補強するのに砂粒を体に埋め込むので、「イワスナ」の名がついた。

小さくてかわいいタコだが油断は禁物だ。ヒョウモンダコはフグと同じ猛毒のテトロドトキシン（216ページ）をだ液から出す。体の下（8本ある腕の真ん中）にある口で獲物に咬みつき、相手を痺れさせる。人間が咬まれると呼吸困難に陥るなど重症化することもある。日本では四国で咬まれた人が入院したこともある。また、筋肉や体表にも毒が含まれるので食べると危険。ヒョウモンダコは普段は斑な黄褐色だが、興奮した状態になると体に鮮やかな青い輪が出てくる。

小笠原諸島以南に生息していたヒョウモンダコだが、海水温の上昇などで関東付近でも見かけることがある。

●地域：日本（房総半島以南）、西太平洋〜インド洋

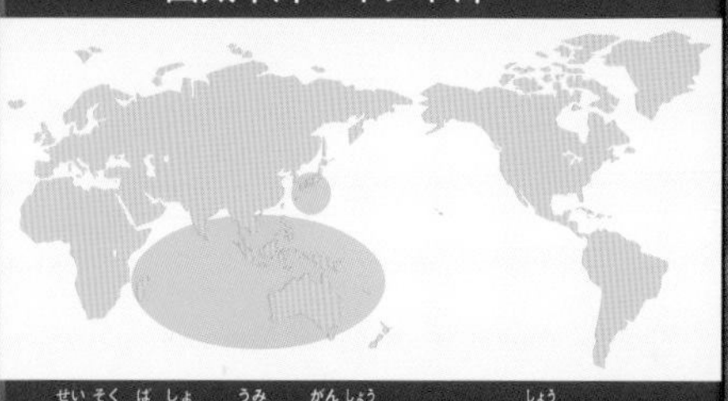

●生息場所：海（岩礁・サンゴ礁）
●全長：12㎝
●毒：神経毒

体は小さいがフグと同じ猛毒の持ち主

ヒョウモンダコ

分類
甲殻類
（オウギガニ科）

かわいい名前だが食べてはいけない有毒ガニ

スベスベマンジュウガニ

スベスベマンジュウガニは体の形が丸いまんじゅうのようで、表面がすべすべしているので、その名がついた。名前がかわいらしいが、とても危険な有毒ガニだ。漁師が仕掛けた網によくからまるという。

ウモレオウギガニ（180ページ）と同じように強力な毒を持っていて、生息場所によってフグ毒を持っているものと、麻痺性貝毒を持っているものがいるので絶対に食べてはいけない。麻痺性貝毒とは、カキなどの二枚貝を人間が食べると食中毒を起こす毒で、スベスベマンジュウガニやウモレオウギガニもこの毒を持っている。

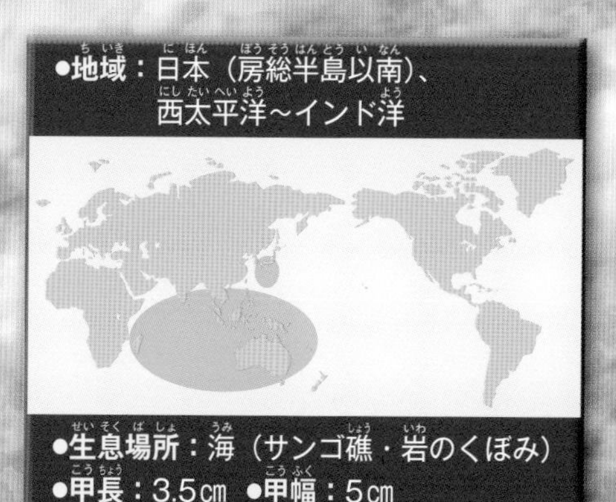

●地域：日本（房総半島以南）、西太平洋～インド洋

●生息場所：海（サンゴ礁・岩のくぼみ）

●甲長：3.5㎝　●甲幅：5㎝

●毒：神経毒

スベスベマンジュウガニ（178ページ）とともに、絶対に食べてはいけないカニだ。ウモレオウギガニもスベスベマンジュウガニもオウギガニ科のカニで、このオウギガニ科のカニの多くは毒を持っている。

ウモレオウギガニは神経毒のテトロドトキシンとサキシトキシン（216ページ）などを含んだかなり濃い毒を持っている。テトロドトキシンはフグの毒と同じだ。また、麻痺性貝毒（216ページ）も持っている危険ガニ。

このカニを食べてしまうと、吐き気や呼吸困難を起こし、ときには死に至ることもある。外国の東ティモールでウモレオウギガニを食べた男性が数時間後に死亡した例もある。

サンゴ礁に棲む、フグと同じ猛毒を持つカニ

ウモレオウギガニ

分類
甲殻類
（オウギガニ科）

スベスベマンジュウガニ（178ページ）、ウモレオウギガニ（180ページ）と同じオウギガニ科で、日本では毒を持っている食べてはいけない三大危険ガニだ。スベスベマンジュウガニ、ウモレオウギガニに比べるとちょっと小型だが、強い麻痺性貝毒（216ページ）を持っている。特に足の筋肉やハサミの部分の毒が強い。味噌汁に入れて食べたことによる食中毒も多い。

ツブヒラアシオウギガニも前者の2種のカニもハサミの部分が黒い。サンゴ礁に棲んでいるハサミの黒いカニは食べると危険だ。

●地域：日本（南西諸島）、インド洋

●生息場所：海（サンゴ礁・岩のくぼみ）
●甲長：3㎝　●甲幅：4㎝
●毒：麻痺性貝毒やフグ毒

オウギガニ科の三大危険ガニの一つ

ツブヒラアシオウギガニ

毒針を突き刺して猛毒を注入

アンボイナガイ

（ハブガイ）

インドネシアの都市アンボン周辺の海に多く生息しているので、アンボイナガイという和名で呼ばれている。人間が刺されると死ぬまでにタバコを吸う時間しかないほど猛毒なので、英名では「タバコガイ」と呼ばれ、沖縄では猛毒ヘビのハブの名前から「ハブガイ」といわれている。

口の中に毒針を隠し持っていて、サンゴ礁に生息する魚を捕らえるときにこの毒針を突き刺し、毒を注入して獲物を気絶させる。人間がアンボイナガイに刺されても、蚊に刺されたぐらいの痛みしかないので刺されたことに気がつかなくて手遅れになることがある。刺されて20分ぐらいすると、毒によってめまいや呼吸困難になり、海の中でのダイバーの死亡例も多数起きている。

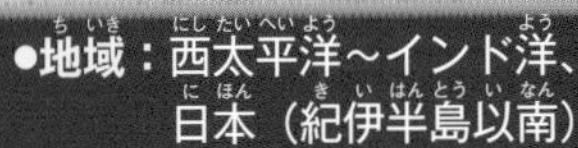
●地域：西太平洋〜インド洋、日本（紀伊半島以南）

●生息場所：海（サンゴ礁域）
●殻高：10㎝〜13㎝
●毒：神経毒

潜水力がすごい海の殺し屋

イボウミヘビ

●地域：ペルシャ湾～東南アジア

●生息場所：海（マングローブの林や河口）
●全長：100㎝～ 140㎝
●毒：神経毒

非常に強力な神経毒・ミオトキシン（216ページ）を持っていて、一咬みで人間の致死量の5～6倍の毒を出す。まさに殺人ウミヘビだ。咬まれると、全身に筋肉痛の症状が現れ、呼吸困難に陥り、死に至ることも。日本にはいないウミヘビだが、海外では死亡事故が多い。

肺呼吸をするウミヘビだが、ウミヘビの中でもイボウミヘビの潜水力はすごい。水面に出るまで何と最大5時間も水の中にいることができるのだ。また、水深100mも潜ることができ、昼夜問わず活動する頑強な体力の持ち主だ。

分類
爬虫類
（コブラ科）
●地域：オーストラリア（北部）、
ニューカレドニアなど
●生息場所：海（サンゴ礁）
●全長：70㎝～ 148㎝
●毒：神経毒

毒の強さでは世界トップクラス

デュボアミナミウミヘビ

イボウミヘビより強い神経毒を持っているが、幸いなことに咬みつかれても毒牙の長さが短いのと、１回の毒の量が少ないので人間が死に至ることはあまりないといわれている。危険度では劣るが、毒の強さでは世界トップクラスの猛毒の持ち主だ。

夜明けと夕暮れに活発に動き、繁殖は胎生でなく卵生。海面で呼吸しやすいように、鼻孔が頭の上方に位置している。

気性(きしょう)が荒(あら)く咬(か)まれる事故(じこ)が多(おお)い猛毒(もうどく)ウミヘビ

マダラウミヘビ

分類
爬虫類
（コブラ科）

ウミヘビは一般的に性質がおとなしく人を咬むことがほとんどないが、マダラウミヘビは気性が荒く攻撃性が高い危険なウミヘビで、おとなしいアオマダラウミヘビとは異なる。コブラの数十倍の猛毒を持っていて、咬まれたときは痛みは少ないがしばらくすると全身の倦怠感、筋肉痛を起こし、重症化すると呼吸困難から最悪のときは死亡することもある。

マダラウミヘビが獲物を捕らえるときは、毒で相手を麻痺させてからまるごと飲み込んでしまう。体が同じくらい大きいウツボでも飲み込んでしまう。胎生で子どもを産む。

●地域：日本（南西諸島）、
東アジア沿岸～ペルシャ湾

●生息場所：海（沿岸域）
●全長：110㎝～ 180㎝
●毒：神経毒

おとなしい性質の猛毒ウミヘビ

エラブウミヘビ

黒い縞模様が特徴の猛毒ヘビだが、おとなしいヘビなので挑発したり、おどかさないかぎり人間を攻撃してくることはない。しかし、その毒はインドコブラ（73 ページ）の 10 倍の強さを持つ神経毒だ。捕まえようと刺激したりすると咬まれることがある。咬まれると体の麻痺や呼吸困難を引き起こし、最悪のときは死亡する恐れもある。

夜行性で昼間は岩場などに隠れていて、夜間になると魚を追って海中を行動する。繁殖期や産卵期には、陸上での活動が多くなる。泳ぎやすいように尾の先が平たくなっているが、陸でも動き回ることができるように、おなかには幅広の鱗（腹板）がある。

分類
爬虫類
(コブラ科)
●地域：日本（南西諸島）、台湾、
オーストラリア北部など
●生息場所：海（サンゴ礁）
●全長：70㎝～150㎝
●毒：神経毒

分類
条鰭類
（ウツボ科）

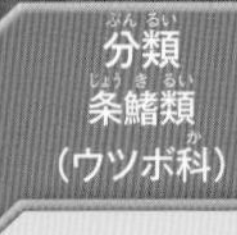

肉食の巨大な獰猛ハンター

ドクウツボ

●地域：インド洋、太平洋

●生息場所：海（サンゴ礁・岩礁の浅瀬）
●全長：1.5m ～ 3m
●毒：神経毒

英名でジャイアント・モレイといい、モレイはウツボのことなので、巨大なウツボのこと。巨大というだけのことはある大きな体で、普通のウツボは全長が1m足らずだが、ドクウツボは1m 50cmから、大きなものは3mにも達し、体重は30kgにもなる。性格は獰猛でダイバーが襲われることもある。

歯が鋭く咬む力も強力だ。しかし、ドクウツボの歯に毒はない。毒はドクウツボの体内にあり、食べると吐き気、めまい、頭痛、関節痛などの中毒症状を起こす。ただ、ドクウツボは生息している環境によって毒を持ったり持たなかったりするので、中には食中毒を起こさないものもいる。

分類
ヒトデ類
（オニヒトデ科）
●地域：西太平洋～インド洋、
日本（紀伊半島以南）
●生息場所：海（サンゴ礁）
●直径：20㎝～60㎝
●毒：神経毒

無数の棘から強力な毒を出す毒ヒトデ

オニヒトデ

中央の体から伸びる8～21本の多数の腕を持ち、全身に3cmぐらいの鋭い棘が無数にある。この棘に刺されると激しい痛みとともに毒素が注入され、刺されたところが大きく腫れてくる。1度刺されたことがあると、2度目にアナフィラキシーショック（92ページ）を起こして重症化し、死に至ることもある。2012年に沖縄県でダイビング中の女性が刺され、以前にも刺されたことがあったので、アナフィラキシーショックを起こしたと見られる原因での死亡例がある。

また、このオニヒトデはサンゴを食べるので、大発生するとサンゴが大量に死んでしまい大きな被害をもたらすこともある。このオニヒトデの天敵は、モンガラカワハギやサンゴガニだ。

●生息場所：海（砂泥域）
●全長：1m
●毒：神経毒

毒棘のある尾をしならせる素早い攻撃

アカエイ

アカエイは浅い砂泥地などに生息していて、体は平べったいのでよく砂に埋もれて隠れている。体の倍以上の長さの尾があり、尾の真ん中あたりに数センチの毒棘がある。警戒心が強いので、攻撃してくるというよりも、踏まれたり、不意のできごとに驚いて身を守ろうとして尾を使うことがある。また、浜で死んでいても要注意。毒棘はノコギリの歯のようになっていて、刺されると抜けにくくなっている。この毒棘に刺されると激痛、筋肉麻痺などが起こり、死に至ることもある。

2006年にはオーストラリアのグレート・バリア・リーフで男性が、また2016年にはシンガポールの水族館で男性の水族館員が、アカエイに胸を刺されて死亡している。

分類
軟骨魚類
（アカエイ科）

おとなしい性質だが刺激をすると怖い

マダラエイ

体は白黒の斑でアカエイ（198 ページ）に比べると尾が短いのが特徴。夜行性で日中は岩棚の下などで休んでいる。攻撃的な性質ではないがダイバーなどの動きによっては、自分自身を守るために尾にある毒棘で傷を負わせることがある。刺されると激痛があり、患部が腫れ、発熱がある。マダラエイの毒棘は 1 度刺さると抜けにくい。ノコギリ状の歯のようになっているので、とてもやっかいだ。

2006 年には沖縄県で漁師の人が網にかかったマダラエイの棘に刺され、救急車で運ばれて一命を取り留めたという事故が起きている。

●地域：太平洋、インド洋、日本、韓国、オーストラリアなど

●生息場所：海（岩礁など）
●全長：3.3m
●毒：神経毒

毒棘

美しいヒレに隠された鋭い猛毒棘

ハナミノカサゴ

夜行性で海の中を優雅に泳ぐハナミノカサゴだが、背ビレ、腹ビレ、尾ビレに毒の棘が潜んでいる。美しさに隠されたその棘は針のように鋭く尖っているので、うっかり触ると強烈な痛みに襲われる。特に背ビレの長い棘には注意だ。刺されると傷が深くなることがある。

針に秘められた毒はとても強力で刺されると激しい痛みとともに、刺された場所が赤く腫れ上がり、水ぶくれになることもある。痛みが数日間続くこともあり、ひどいときは発熱や吐き気、呼吸困難を起こし死亡することもある。

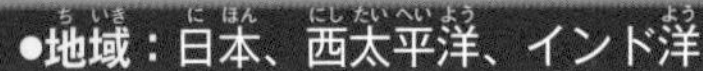

●生息場所：海（岩礁・サンゴ礁）
●全長：30㎝～40㎝
●毒：神経毒

分類(ぶんるい)
条鰭類(じょうきるい)
(フサカサゴ科(か))

分類
条鰭類
（フサカサゴ科）

全身に毒棘のある大型カサゴ

オニカサゴ

釣り人には人気の食用魚だが、棘だらけの魚で市場にはあまり出回らない。下アゴが突き出ていて、鼻先がへこんでおり、いかつい顔をしている。岩礁などの海底に潜んでいて、環境に溶け込むような保護色で、気づかずに触って、刺されることが多い魚だ。

背ビレの毒の棘が最も大きくて、顔、腹ビレ、尻ビレにも棘がある。背ビレの柔らかい部分にも隠れた棘があるので気をつけたい。刺されると激痛が走り、その痛みが数時間も続く。

英名でスコーピオン・フィッシュ（サソリ魚）と呼ばれている。

●地域：日本、東シナ海、南シナ海など

●生息場所：海（岩礁・サンゴ礁）
●全長：25㎝～30㎝
●毒：神経毒

岩陰に潜んでいて体が岩にそっくりなので見つけるのがなかなか難しい。英名では「Reef stonefish」（砂礁の石魚）と呼ばれ、日本では、体がダルマのように丸いのでオニダルマオコゼと呼ばれている。背中には13本の鋭い棘があり、うっかり踏んでしまうと、ブーツの底も穴が空いてしまうぐらい硬くて強力だ。体は同じ仲間のオニオコゼの2倍ぐらいあり、棘を持っている魚の仲間では毒性は最強クラス。体を環境に似せている魚なので、スキューバダイビングなどでは、気づきにくく特に注意を要する魚だ。

オニダルマオコゼに刺されると激しく痛み、傷口の麻痺から全身の麻痺などショック状態に陥り、死亡することもある。

●生息場所：海（サンゴ礁・岩礁・砂地）
●全長：35㎝～40㎝
●毒：神経毒

ゴツゴツした岩のような体に強力な毒の棘

オニダルマオコゼ

分類
条鰭類
（ゴンズイ科）

背ビレと胸ビレに毒の棘

ゴンズイ

ゴンズイは岩礁や防波堤の付近にいるので、防波堤釣りでよく釣れる。背ビレと胸ビレに毒の棘があるので、釣り上げたときによく事故が起こる。ゴンズイの棘に刺されると激しい痛みがあり、患部が水ぶくれになったり、ひどいときは壊死することもある。死んだゴンズイにも毒があるので、誤って踏んだりすると、硬い棘が靴底を貫通してしまうので要注意だ。

ゴンズイは胸ビレの棘の根元をこすり合わせ、摩擦音を出して警戒や威嚇をする発音魚としても知られている。また、ゴンズイの幼魚は「ゴンズイ玉」と呼ばれる数十匹から数百匹の団子のような群れになって泳ぐ特徴がある。

●地域：日本（本州～沖縄県）

●生息場所：海（岩礁・防波堤付近など）
●全長：20㎝～ 30㎝
●毒：神経毒

死亡事故も起こる猛毒注意の高級料理魚

トラフグ

産卵は河口で、幼魚のときは河口や海の水深の浅いところですごし、外洋に出るまでに１年ぐらいかかる。

フグの毒はテトロドトキシン（216 ページ）を含む強い毒性がある。毒素は卵巣と肝臓で特に強く、腸や肉の部分にも含まれる。高級で料理魚として人気だが、その毒の強さから調理をする人は特別な免許を必要とする。フグによる食中毒は食後 20 分～３時間ぐらいの間に起こり、最初は唇、舌の軽い痺れから、頭痛、おう吐、血圧降下などの症状が現れ、呼吸困難、意識消失から死に至る。フグによる食中毒は、免許を持っていない人が料理して起こるのがほとんどだ。

分類
条鰭類
（フグ科）

●地域：日本、黄海～東シナ海

●生息場所：海（水深 10m ～ 130m）
●全長：70㎝
●毒：神経毒

フグよりも強い毒を持つ大型魚

アオブダイ

●地域：日本、西太平洋

●生息場所：海（岩礁・サンゴ礁）
●全長：80㎝
●毒：神経毒

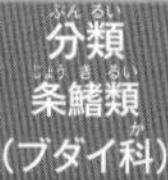

大型魚で体色が青緑で鮮やかだ。成魚にはほおに白っぽい斑点があり、老年魚のオスは前額部のコブが大きくなるのが特徴だ。

アオブダイは、肝臓や筋肉にパリトキシン（216ページ）という毒がある。この毒はアオブダイがイワスナギンチャクを食べることによって体に蓄えられるといわれている。パリトキシンはトラフグ（210ページ）の持つ毒テトロドトキシン（216ページ）よりも毒性が強い。

アオブダイは刺身や煮つけ、から揚げなどにするとおいしいといわれているが、パリトキシンは加熱しても毒性がなくならないから危険だ。アオブダイによる中毒症状では、筋肉痛や呼吸困難を起こし死に至ることもある。

分類
条鰭類
（アイゴ科）

磯などで狙っている魚以外で捕獲されてもあまりうれしくない魚とされるが、引きが強いので、釣り人には人気のある魚だ。においが強くて毒棘を持っているのであまり食用に適さない魚だが、一部の地域で食用にされている。

背ビレ、腹ビレ、尻ビレに太くて鋭い毒棘がある。うっかりこの毒のある棘に刺されると、赤く腫れ、痺れなどを感じ、数日間も痛むことがある。重症化すると体に麻痺症状が現れることもある。

また、死んだアイゴの棘にも毒の作用が残るので注意が必要だ。

アイゴは海藻を食べてしまうので磯焼け（浅海の岩礁などで海藻が減少または消失してしまう）を起こし、ほかの魚や生物が消えてしまう。

●地域：日本（本州・琉球列島・小笠原諸島）、西太平洋～東インド洋

●生息場所：海（岩礁）
●全長：30㎝
●毒：神経毒

平べったい体に太くて鋭い毒棘

アイゴ

毒について3

フグ毒・刺胞毒・麻痺性貝毒

食中毒で多いのはフグとキノコといわれている。**フグ毒**は人間が摂取すると死に至る猛毒のテトロドトキシンが内臓などに含まれている。家庭内でのフグ料理はとても危険で、フグ中毒を防ぐために、料理をする人は都道府県ごとに公的な調理資格が定められている。フグ中毒の症状は、痺れからおう吐、呼吸困難などの症状が現れ、重症化すると全身の麻痺状態から死に至る。

刺胞毒とはクラゲなどが触手から出す毒で、刺されると激痛が走り、赤く腫れて水疱ができたりする。重症化すると呼吸困難などを引き起こす。カツオノエボシなどは猛毒を持っているので危険だ。

麻痺性貝毒は、魚介類が毒のある海中の微生物を食べて蓄えた毒。麻痺性貝毒にはパリトキシン、テトロドトキシンなどの猛毒があり、フグ中毒と同じように呼吸困難などを引き起こす。

【海の生物の主な毒】

- **パリトキシン**…マウイイワスナギンチャクやアオブダイが持っている猛毒。
- **テトロドトキシン**…フグの毒として有名だが、ヒョウモンダコやスベスベマンジュウガニ、ウモレオウギガニもこの毒を持っている。
- **サキシトキシン**…テトロドトキシンとともに猛毒のフグ毒に含まれている。スベスベマンジュウガニなどオウギガニ科のカニが持っている。
- **ミオトキシン**…イボウミヘビなど毒ヘビが持っている筋肉を破壊する毒。

ウイルス 細菌 寄生虫

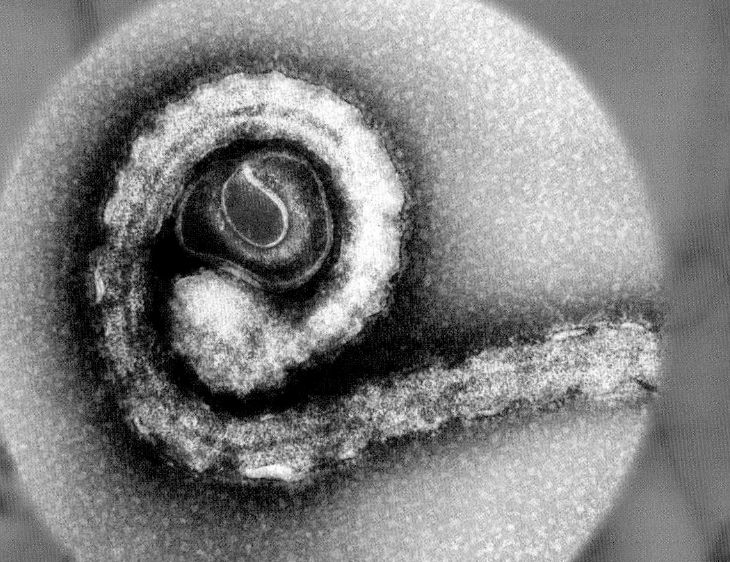

（写真提供 / アフロ）

COVID-19（新型コロナウイルス）、エボラウイルス、マラリア原虫など

8

急激(きゅうげき)に重症化(じゅうしょうか)し死(し)に至(いた)る

COVID-19(コビッド)

(新型(しんがた)コロナウイルス)

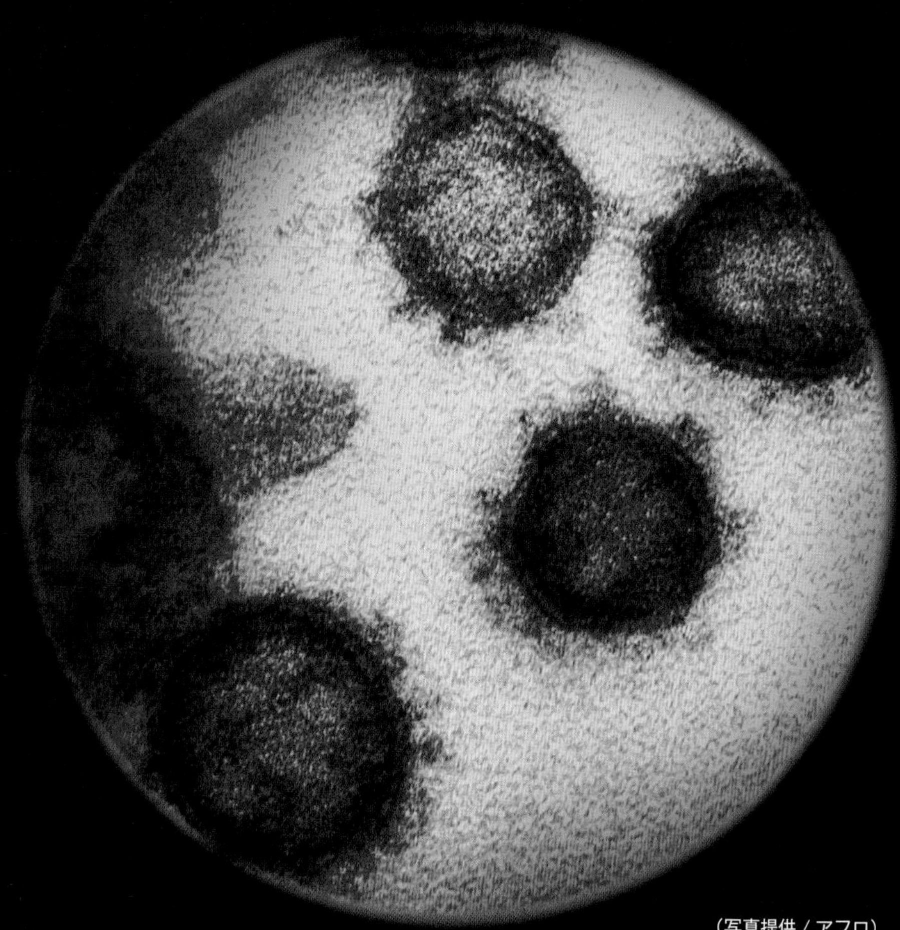

(写真提供 / アフロ)

2019年12月31日に中国の武漢市当局から「原因不明の肺炎患者27人」の報告があり、2020年1月9日に中国政府の「新型コロナウイルス」検出の報道があった。その後、1月23日に武漢市が封鎖されるなど、中国全土に感染が拡大され、2月に入るとイタリアなどヨーロッパ全土に、3月に入るとアメリカ合衆国に猛烈な勢いで広まった。日本では2月5日に横浜に寄港したクルーズ船（ダイヤモンド・プリンセス号）で感染が確認されるなど、4月に入って感染者が1万人、死者も200人を超えた。

最も感染者と死者が多いのはアメリカ合衆国で感染者が194万人を超え死者も11万人を超えた。ニューヨーク市など世界の各都市がロックダウンされ、全世界で感染者が700万人を超え死者も40万人を超えて、南米やアフリカにも広がり、勢いがなかなか衰えない。(2020年6月9日現在)

新型コロナウイルスの症状は、風邪とよく似た発熱、せき、息切れなどの症状が感染してから1日～14日で現れ、感染者によっては急に重症化して死に至ることもある恐怖のウイルスだ。また、感染しても無症状の場合があるとされ、無症状の人が感染を広めるというとてもやっかいなウイルスだ。

▼世界各地で医療現場が深刻な状態に

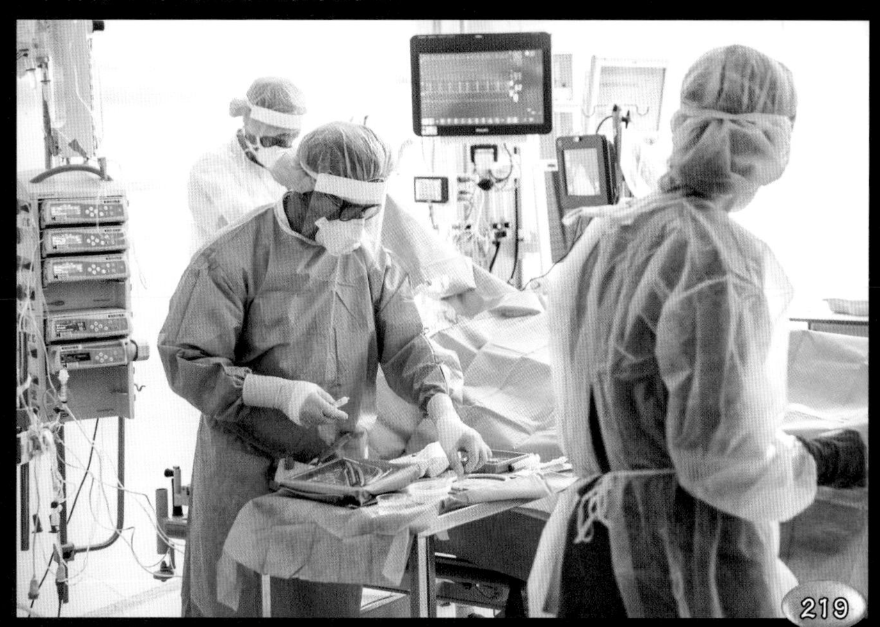

（写真提供 / アフロ）

体の至るところから出血

エボラウイルス

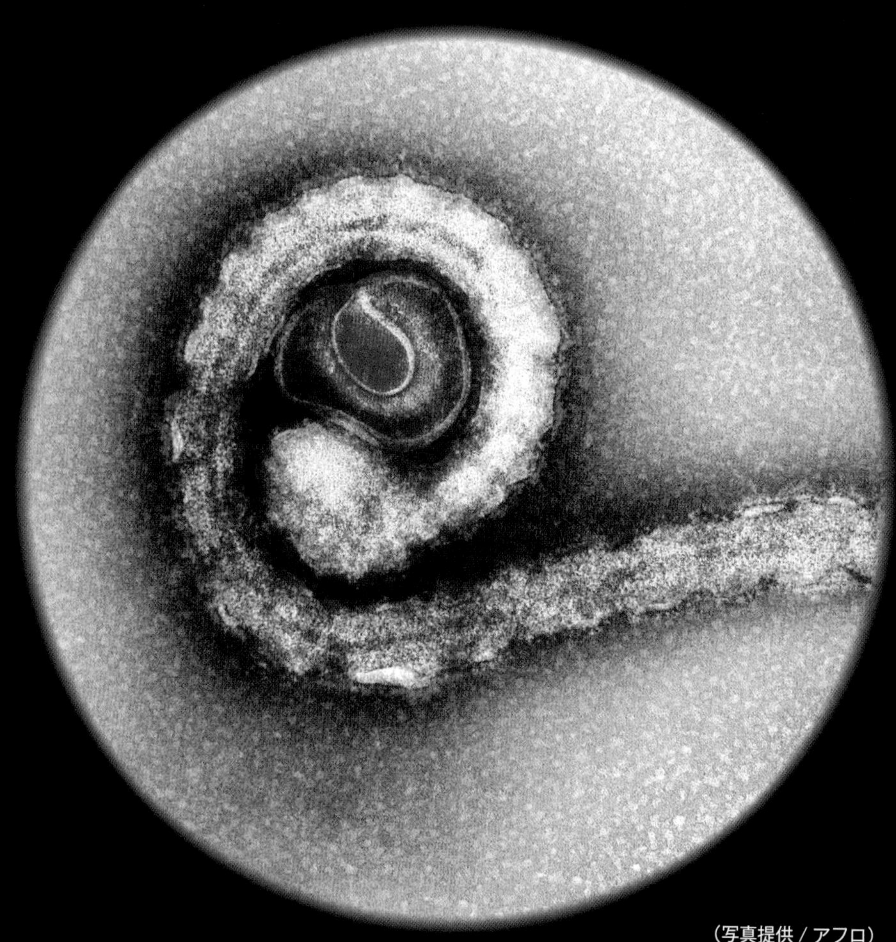

（写真提供 / アフロ）

1976年にアフリカのスーダンとコンゴ民主共和国で同時期に発生し、現在でもウガンダやスーダンなどアフリカ中央部で感染者が出ている。突然の発熱からおう吐、下痢などの症状が現れ、さらに症状が進むと意識障害や体の内部のいろいろな臓器からの出血を起こし、死ぬ確率が50%から90%に達することもある。感染力は非常に強く、感染者の汗などに触れたり、感染者が触れたものに触れても感染する。

エボラウイルスの発生当時、その感染症は「エボラ出血熱」と呼ばれていたが、感染者が必ずしも出血の症状が現れるわけではないので、現在では「エボラウイルス病」と呼ばれている。最初の患者がコンゴ民主共和国を流れるエボラ川の近くの人だったことから、エボラの名がついた。エボラウイルス病の承認された治療薬はまだないが、ワクチンの研究が進められている。

▼患者を移送する医療チーム

（写真提供 / アフロ）

世界で発症数が多い危険な感染症

マラリア原虫

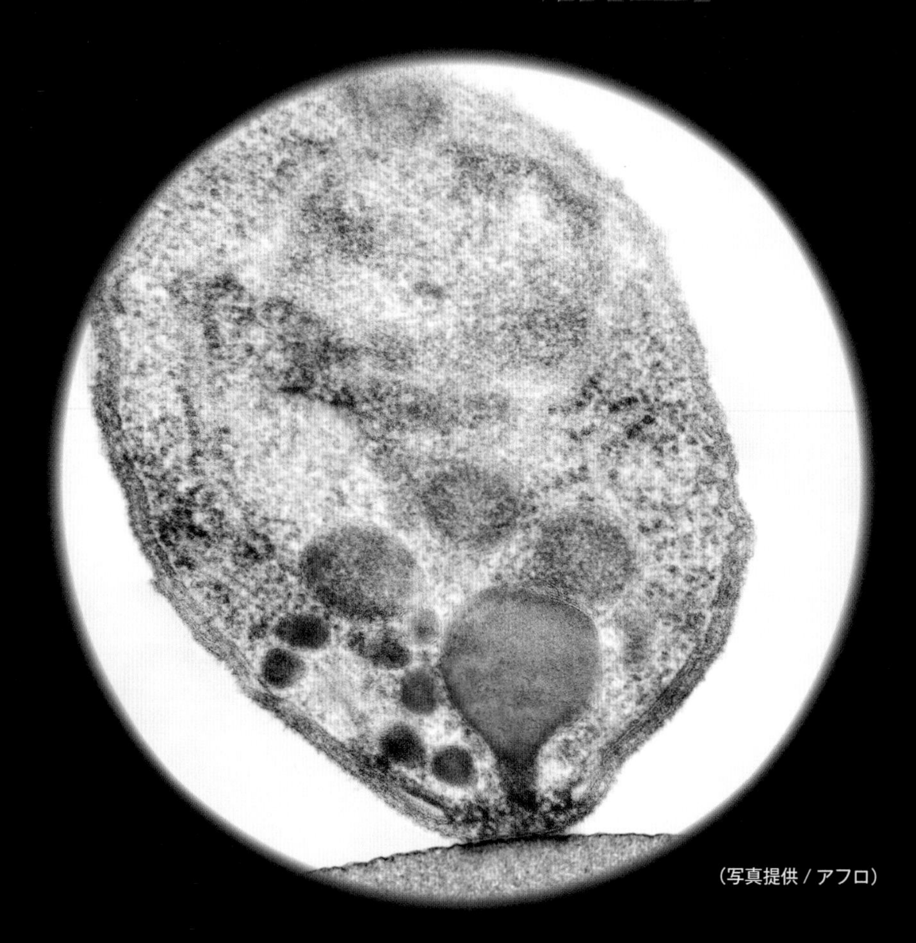

（写真提供 / アフロ）

世界 100 か国余りで流行し、毎年２億人以上が感染し、40 万人以上が死亡している。マラリアの病原体であるマラリア原虫がハマダラカという蚊の中に潜んでいて、ハマダラカが吸血するときに人の体内に侵入して感染する。

マラリアの感染者は亜熱帯・熱帯地方に多く、5 種類のマラリア原虫の感染の中でも「熱帯熱マラリア原虫」が危険で、重症化すると意識障害や腎障害を起こし短期間で死に至ることもある。

世界中の土の中にいる殺人菌

破傷風菌

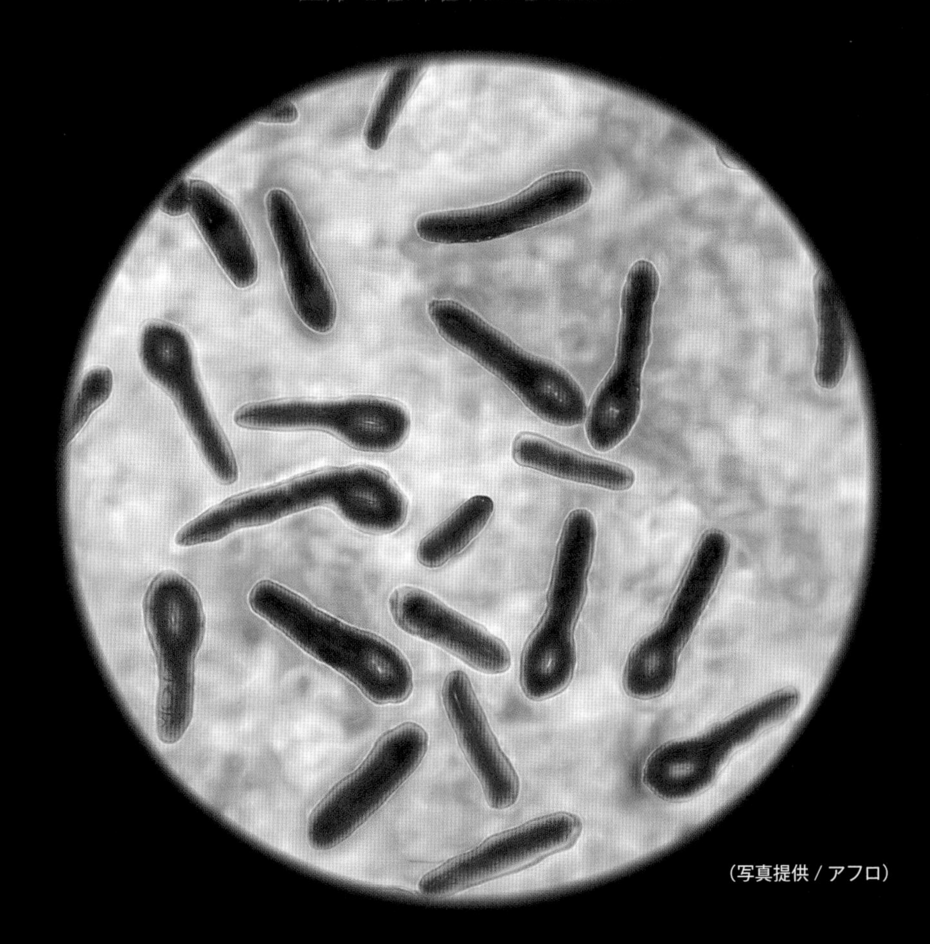

（写真提供 / アフロ）

破傷風菌は土の中にいて、傷口から体内に侵入する。1950年ごろは致命率（致死率）が80%を越える高い感染症だったが、ワクチン接種が開始されてから破傷風の感染者や死亡者が激減した。

破傷風菌が体内に入ると呼吸困難を起こし、重症化すると呼吸麻痺により死亡する。日本では近年、年間数十人の人が感染し、治療が遅れると死亡することもある。人から人には感染しない。

自然界最強のボツリヌス神経毒素

ボツリヌス菌

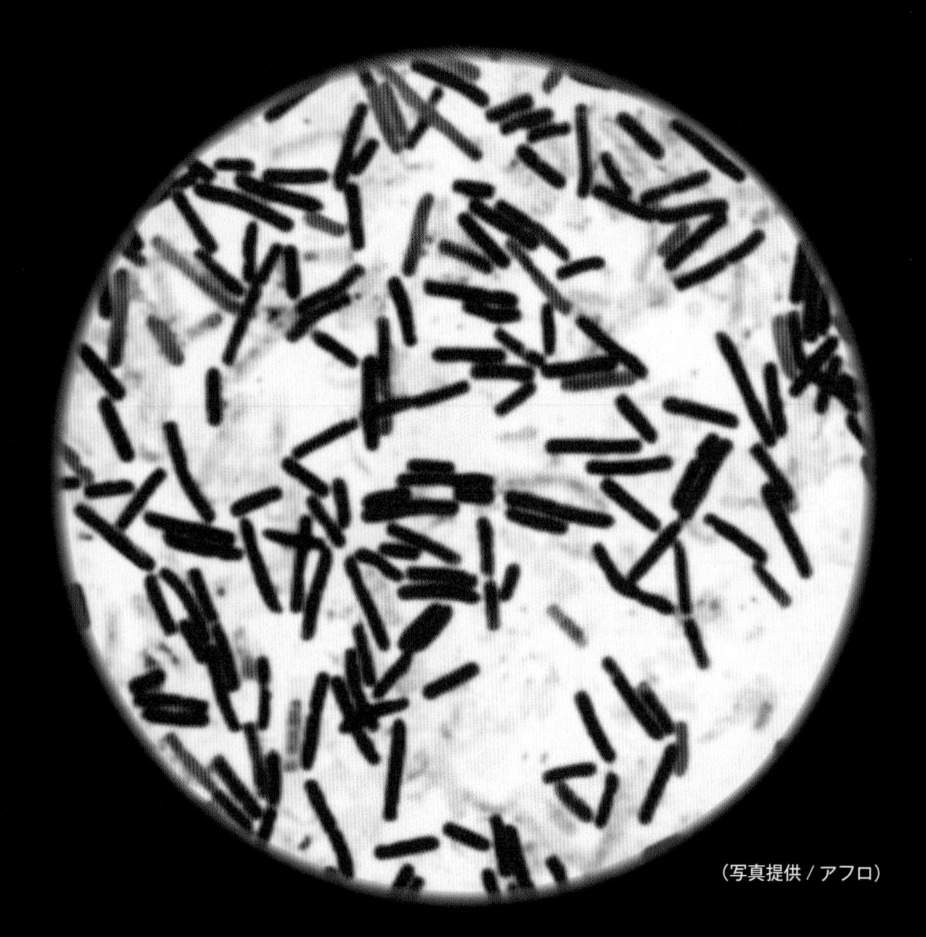

（写真提供 / アフロ）

ボツリヌス症はボツリヌス菌という細菌が作る毒素で起こる病気で、視力障害や言語障害などの神経中毒の症状を起こす。呼吸困難などから死亡することもある。

ボツリヌス菌は土や海、川などの泥の中にいて、果物や野菜などにも混入し熱にも強いが、酸素のない状態でしか増殖できない。食中毒を起こしやすい缶詰や瓶詰、真空パック食品も、現在ではしっかり衛生殺菌されているので安心だ。人から人には感染しない。

致死率100%の恐怖のウイルス

狂犬病ウイルス

（写真提供 / アフロ）

狂犬病ウイルスを持つ犬に咬まれたり、引っかかれたりすると傷口からウイルスが侵入して発症する。発熱や頭痛、おう吐などの症状が現れ、呼吸困難から昏睡状態になって死亡する。一度発症すると致命率（致死率）が 100%ともいわれる恐怖のウイルスだ。

日本では犬へのワクチン接種と野犬の減少により、1957 年以降発生していないが、世界では毎年３万人以上が死亡している。狂犬病は犬ばかりでなく、猫やネズミ、コウモリなどの野生の動物もこのウイルスを持っていることがあるので要注意だ。

ひそかに体内に侵入して時を待つ

エキノコックス

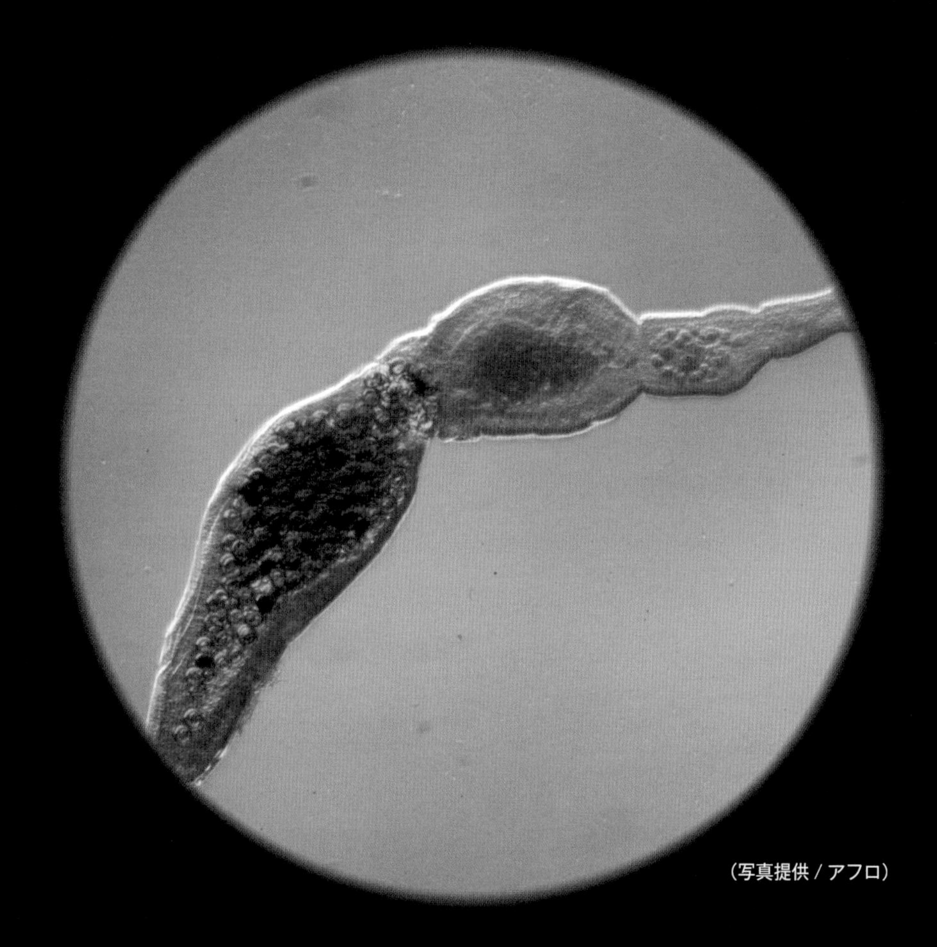

（写真提供 / アフロ）

寄生虫が人間の体内に入ることで症状が現れる。恐ろしいのは、体内に入り約 10 年以上も無症状が続いてから発症することだ。

キツネなどの糞にエキノコックスの卵があり、これを触った人の手から口へ、そして体内に入る。発症すると内臓がダメージを受けて腹痛などの症状から、重症化すると黄疸、意識障害などを起こす。放置すると死亡することもある。有効な治療法は外科手術で病巣を取り除くことだ。

ダニに注意! 新型感染症

SFTSウイルス

SFTS（重症熱性血小板減少症候群）は、2011年に中国で発表された感染症で、日本では2013年に確認された。フタトゲチマダニやタカサゴキララマダニなどのマダニに咬まれることによって、SFTSウイルスが体内に入り感染する。感染すると白血球や血小板が減少する。

症状は発熱、吐き気などから重症化すると意識障害などを起こし死亡することもある。まだ有効なワクチンがない。

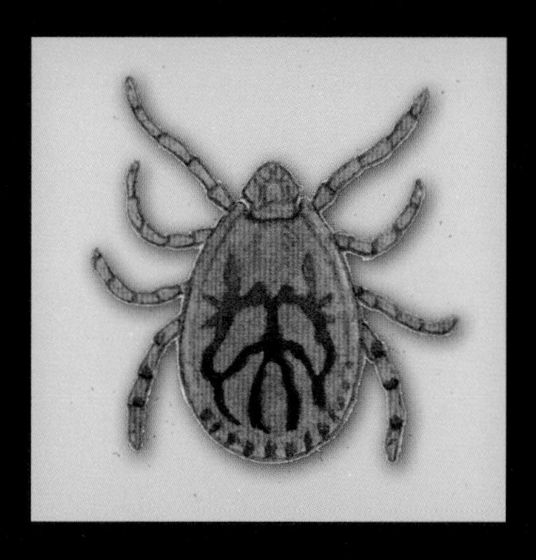

フタトゲチマダニ

哺乳類や鳥類などに寄生する。

■分類：クモ類（マダニ科）
●地域：東南アジア、日本
●生息場所：山地の森や草地
●体長：3㎜

タカサゴキララマダニ

哺乳類や鳥類などに寄生する。

■分類：クモ類（マダニ科）
●地域：東南アジア、日本（関東以南）
●生息場所：山地の森や草地
●体長：5㎜

ウイルス・細菌・寄生虫

ウイルス

ウイルスとは増殖するための遺伝子（DNA や RNA）を持っている単純な構造の微生物だ。ウイルスはそれ自体では生きていけなくて、宿主（ウイルスが寄生するための生物で、たとえばヒトや動物）と呼ばれる生物の細胞内に入って増殖する。生物として扱われないこともある。

ウイルスにはコロナウイルスなど呼吸器系の臓器に入り込むもの、狂犬病ウイルスなど中枢神経系に入り込むもの、流行性角結膜炎など目に入り込むもの、ノロウイルスのように消化器系に入り込むもの、風疹のように皮膚に炎症を起こすものなど種類が多い。

感染経路も飛沫感染、接触感染、経口感染などがあり、発病経過は急性感染症（発病・進行が早いもの）、持続性感染症（症状が回復しても体内にウイルスが残って再発する）、遅発性感染症（潜伏期間が数か月から数年という長い期間の後に発病する）に分けられる。

ウイルスの大きさは細菌の10分の1〜100分の1と小さいので、細菌は光学顕微鏡で見ることができるが、ウイルスを見るには電子顕微鏡が必要だ。

細菌

細菌とは1つの細胞しかない単細胞生物で、栄養があると自分で増殖することができる。細菌は肥沃な土壌や水中など、地球上のあらゆる場所に生息している。食中毒を起こすサルモネラ菌や腸管出血性大腸菌、呼吸困難から重症化すると死に至ることもある破傷風菌など人間の健康に害を及ぼす細菌から、人間によって利用されている乳酸菌、納豆菌などの細菌もいる。

細菌の大きさは1mmの1000分の1から100の分1で、ウイルスよりも大きい。

寄生虫

寄生虫とはいろいろな生物に寄生する単細胞あるいは多細胞の生物だ。宿主の体内に入り込む内部寄生虫と体表に寄生する外部寄生虫がいる。

人間が死に至ることもあるマラリア原虫やエキノコックス、イカの刺身などに隠れていて腹痛などを起こすアニサキスも寄生虫だ。

ウイルスと細菌の違い

ウイルス
おれはほかの生き物の細胞がないと生きられないし、増えることもできないんだ。
①

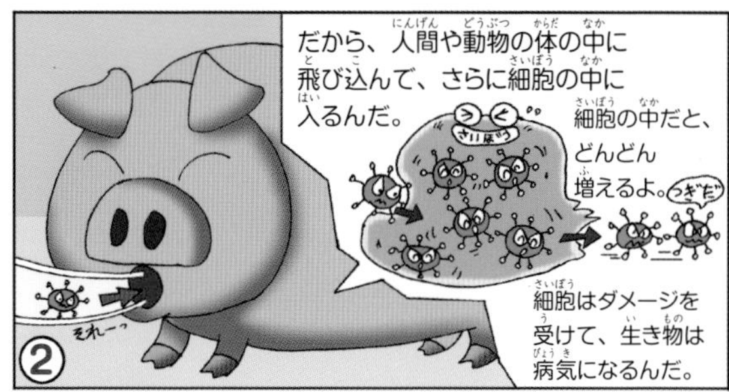
だから、人間や動物の体の中に飛び込んで、さらに細胞の中に入るんだ。
細胞の中だと、どんどん増えるよ。
つぎだ
それ一っ
細胞はダメージを受けて、生き物は病気になるんだ。
②

細菌
ふえる〜
おれたちは自分で増えることができるし、栄養のあるところだと生きていけるんだ。
③

だから、肥沃な土地や水中など、あらゆるところに生息してるんだ。
④

種類もいろいろいて、人間の体の中に入って悪さをするものもいる。
口から入る。
傷口から入る。
⑤

体の中に入っても、ウイルスのように細胞の中には入らないよ。
毒
毒
さいぼう
毒
自分でどんどん増えていって、人間を病気にするんだ。
⑥

大きさ
細菌は 1mm の1000 分の1ぐらいだ。
ウイルスはその細菌の10 分の 1 〜100 分の 1ぐらいだよ。
ウイルスは小さいのだ。
⑦

ちょっと待って！ ウイルスと違って細菌は悪いものばかりじゃないよ。
人間を元気にするために、役立っている細菌もいることをわすれないでね。
みそ
ヨーグルト
⑧

加藤英明 VS. 猛毒生物

加藤先生がアメリカ大陸、アフリカ大陸、ユーラシア大陸、オーストラリア大陸で出会い（6～24ページ）、本文に出てこない生物だ。みんな毒を持っているので超危険。

クロオガラガラヘビ

■分類：爬虫類（クサリヘビ科）
●地域：アメリカ南西部・メキシコ
●生息場所：草原・砂漠・森林など
●全長：76㎝～130㎝
●毒：大きな毒腺を持っているが、人間が死に至ることはあまりない。

コロンビアフキヤガマ

■分類：両生類（ヒキガエル科）
●地域：コロンビア
●生息場所：湿った森林
●全長：23㎜～35㎜
●毒：人間が死に至ることもある猛毒を持つ。

キスジフキヤガエル

■分類：両生類（ヤドクガエル科）
●地域：コスタリカ
●生息場所：熱帯雨林
●全長：22㎜～ 30㎜
●毒：人間が死に至ることもある猛毒を持つ。

ライノセラスアダー

■分類：爬虫類（クサリヘビ科）
●地域：アフリカ中部
●生息場所：熱帯雨林
●全長：72㎝～ 107㎝
●毒：毒牙は小さいが強い毒を持っている。

ペリングウェイアダー

■分類：爬虫類（クサリヘビ科）
●地域：ナミビア
●生息場所：砂漠地帯
●全長：20㎝～ 32㎝
●毒：咬まれると痛みと腫れ、眼筋麻痺などが起こる。

シンリンコブラ

■分類：爬虫類（コブラ科）
●地域：アフリカ（中央部・西部）
●生息場所：低地の森林・湿った草原
●全長：140㎝〜320㎝
●毒：咬まれるとめまいや低血圧、呼吸不全を起こし、死に至ることもある。

ナミブファットテールスコーピオン

■分類：クモ類（キョクトウサソリ科）
●地域：ナミビア
●生息場所：乾燥した草原
●全長：12㎝〜18cm
●毒：毒性は高く、刺されると激しい痛みを伴い死に至ることもある。

ウォルバーグスコーピオン

■分類：クモ類（キョクトウサソリ科）
●地域：アフリカ南部
●生息場所：乾燥した草原
●全長：20㎝〜32㎝
●毒：毒は強くないが、腫れや痛みが伴う。

パルリペススコーピオン

■分類：クモ類（キョクトウサソリ科）
●地域：アフリカ南部
●生息場所：乾燥した草原
●全長：10㎝～13㎝
●毒：毒は強くないが、腫れや痛みが伴う。

ホーンドアダー

■分類：爬虫類（クサリヘビ科）
●地域：アフリカ南西部・ナミビアなど
●生息場所：乾燥した地域
●全長：30㎝～51㎝
●毒：非常に有毒で、咬まれると腫れ、激しい痛み、吐き気などを起こす。

ブームスラング

■分類：爬虫類（ナミヘビ科）
●地域：アフリカ（サハラ砂漠を除く）
●生息場所：乾燥した草原や岩場の割れ目
●全長：100㎝～183㎝
●毒：咬まれると死に至る非常に強力な毒を持つ。

ロシアマムシ

■分類：爬虫類（クサリヘビ科）
●地域：ロシア
●生息場所：草原や岩場の割れ目
●全長：50㎝～68㎝
●毒：咬まれると腫れ、激しい痛み、吐き気など。

ムラサキハブ

■分類：爬虫類（クサリヘビ科）
●地域：東南アジア
●生息場所：沿岸部の草地やマングローブ林など
●全長：66㎝～90㎝
●毒：咬まれると腫れ、激しい痛み、吐き気など。

シロクチアオハブ

■分類：爬虫類（クサリヘビ科）
●地域：インド・ネパール・中国南部
●生息場所：森や林
●全長：60㎝～81㎝
●毒：咬まれると腫れ、激しい痛み、吐き気など。

ヤマハブ

■分類：爬虫類（クサリヘビ科）
●地域：中国南部〜ヒマラヤ東部
●生息場所：山地
●全長：50cm〜100cm
●毒：咬まれると腫れ、激しい痛み、吐き気など。

ハリスマムシ

■分類：爬虫類（クサリヘビ科）
●地域：ユーラシア大陸
●生息場所：草原や林
●全長：45cm〜59cm
●毒：咬まれると腫れ、激しい痛み、吐き気など。

セイロンハブ

■分類：爬虫類（クサリヘビ科）
●地域：スリランカ・インド南西部
●生息場所：密林・乾燥林・熱帯雨林
●全長：60cm〜130cm
●毒：咬まれると腫れ、激しい痛み、吐き気など。

猛毒生物　索引

ア行

カ行

サ 行

タ 行

ナ行

ハ行

マ行

ヤ行

ラ行

■参考文献■

『学研の大図鑑 危険・有毒生物』（学習研究社）『猛毒生物最恐 50』（ソフトバンククリエイティブ）『日本の外来生物』（平凡社）

■参考サイト■

Wikipedia（日本語・英語版）　厚生労働省　国立感染症研究所　東京都福祉保健局ほか

加藤英明（かとう　ひであき）
静岡大学講師。1979年生まれ。
爬虫類学者・生物学者（農学博士）
外来生物が生態系に与える影響について研究。
世界50か国以上に行き、希少な爬虫類の生態調査を行っている。
著書に「世界ぐるっと爬虫類探しの旅」（エムピージェー）、
「爬虫類ハンター」（エムピージェー）など。
日本テレビ「ザ! 鉄腕! DASH!!」
テレビ東京「緊急SOS 池の水ぜんぶ抜く大作戦」
など、テレビ出演や講演多数。

■イラスト／七海ルシア　角しんさく　嵩瀬ひろし
■写真／アフロ
■カバーデザイン／久野 繁
■本文デザイン／スタジオQ's
■編集／ビーアンドエス

図解大事典　猛毒生物

2020年7月25日　初版発行
2024年4月5日　第2刷発行

著　者　加藤英明
発行者　富永靖弘
印刷所　株式会社高山

発行所　東京都台東区台東2丁目24　株式会社 新星出版社
〒110-0016　☎03（3831）0743

ISBN978-4-405-07313-5